杀闷思维

简体定本

杀闷思维

李天命　著

中国人民大学出版社
·北京·

扉

句

快乐与否，
自负盈亏。

硬要把人生弄得艰难痛苦的，
通常是谁？是自己。
由于什么？由于不知足。

*

"我很简单，如意便满足，不如意便不满足。
我不快乐，只因为我的人生不如意。"

你的"意"，是一个无底洞。

*

苦——欲望与能力不相称。

*

在哪里跌倒就在哪里站起来，
在哪里跌倒就爬到别处站起来，
在哪里跌倒就躺在哪里先休息一下，
……
智者全看实况而定。

聚多伤情，时间疗伤。

*

爱的热度与被珍惜度成反比。

*

前无去路，后有回忆，人生基设崩溃
——情越深，变越苦。

*

强中之强金刚照：
情来则生死不变，
情变则可有可无。

*

幻想破镜重圆，是浪费。
不能面对人心多变，是稚弱。
不信世有金刚不变之心，是少见多怪。

愉悦令心灵健康，
痛苦令体会深刻。

*

心痛不伤便莫之能伤，
心如虚空者无物能伤。

*

有些人不开心时，别人怎么劝都没有用，
那就尝试稍后才不开心吧。或者设定：
单日开心，双日不开心。

*

跳楼要顾及路人。

*

朝花夕落，笑靥几何？
逝水无声，岁月飞梭。
不快乐白不快乐。

在一切已知的物种当中，最善跑或最善搏击的人并不是最善跑或最善搏击的生物，但最善思考的人就是最善思考的生物。

*

至高无上的功夫必精简。

*

我们在学校所学的，
有十之八九是浪费了的。

*

决定人生是否成功、是否幸福，个中可由自己掌握的最基要关键，就是语文水平、思考方法、做人态度，简言之就是：言、思、品。

*

在群体中受欢迎，头脑好不是最重要的因素，
品性好才是最重要的因素。
广受欢迎但一生坎坷，未之见也。

踩到牛屎本不浪漫，
但手牵手一起踢牛屎，
则可以变得浪漫。

*

新人在婚礼中慢板前进，情人在微风细雨下依偎前行，前者勇气可嘉，后者浪漫。
但若刻意等待微风细雨来依偎前行，那就不见得浪漫了。

*

歌手在幽暗的小餐馆里弹琴卖唱；夜已深，客已稀，歌手还是全情投入，自得其乐，相当浪漫。
到有一天成名了，在彩光乱闪、人头汹涌、众声喧哗的场馆里表演，那就难再浪漫了。

*

买玫瑰送给情人不如偷玫瑰送给情人那么浪漫。

《圣经》（诗 121：1～2）：
"我要向山举目，我的帮助从何而来？
我的帮助从造天地的耶和华而来。"

现在我们来玩一种"创意思维游戏"，那就是顺序摘取以上所引《圣经》那段的每一个字作为一行的第一个字而写成一首诗。
且为此诗取名叫做《新疆有圣经密码》：

我去新疆流浪
要找一位美丽绝俗的姑娘
向她献上一只
山羊
举起双手献上

目的地才刚刚到达
我竟然就发现了猎物
的的得得地跳动着我的心房

帮我平伏心跳吧
助人为快乐之本呀

从她的眼神我得到了暗示
何须迟疑
而她的唇形更像对我说
来拥抱我吧

我一个箭步冲前紧抱着她
的的得得地跳动着我的心房
帮我平伏心跳吧
助人为快乐之本呀

从来没有感受过这么幸福
造物者真的很眷顾我
天堂我也不愿去
地狱我更不愿去
的的确确我只愿这一刻就是永恒

耶稣圣子固然没有这种福气
和珅太监更是缺乏这种阳气
华丽的衣服怎比得上上帝的杰作
而我就在上帝杰作的身上见证了最动人魂魄的波澜

来羊乳之乡探险吧

见当地为小，见国际为小，
见当世为小，甚至见历史为小，
只见天地为大，
此之谓胸无上大。

阅读李天命

明报出版社编

原版载于 2006 年 9 月 15 日《明报》:"李天命特辑"

扉　句

　　李（天命）先生的思考方法令香港很多人的头脑清楚很多，这是实际的得益。

——查良镛

（小说大师金庸、《明报》创办人、《香港基本法》起草委员）

　　……天下间真正高手。
　　听天命兄授课或演讲，就是观看高手亲自示范。

——李国章

（香港教育统筹局局长、前香港中文大学校长）

　　《寒武纪》收了近百首李天命的杰作……（例如）

舞别

翩然的轻盈翩然的舞

嫣然的意态嫣然的妒

黯然的夜尽黯然的别

茫然的晓寒茫然的路

……

　　真希望，有一天乐思突现，能为这位仅见的香港诗人，谱一段旋律，记下他那风动的琴弦。

——黄霑

（全才艺人、曲词巨匠，1941—2004）

前　言

朱自清先生说过："经典的价值不在实用，而在文化。"（《经典常谈》）其实文化是比实用更深刻的东西，它可以释放巨大的能量——文化的力量。这就是说，它使你在获得物质的满足之外，更重要的是精神的充实和提升。

有些人认为，经典作品是小众的读物，是曲高和寡的。就科学范畴而言，这个观点不无道理；但就人文范畴而言，这个观点不能苟同。

在文学方面，我国的《诗经》本来就是曲高和"众"的；被视为西洋诗经的《伊利亚特》及《奥德赛》亦是曲高和"众"的；李白、杜甫、苏轼、辛弃疾等的诗词也是曲高和"众"的；而小说经典如《红楼梦》、《西游记》、《水浒传》、《三国演义》更是广受欢迎的作品。

至于哲理方面，远的不说，近在咫尺的，我想到的是李天命先生，他的思想性著作，横看比起许多流行小说更风行，竖看则长期广受爱戴，是"曲高和'众'"的典型。《李天命的思考艺术》迄今已印了57个版次，他的近著和新作亦全都雄踞畅销书榜，[1] 好评、口碑不绝如缕，蔚为一朵破空而出的文化奇葩。

李天命作品激起巨大的反响并产生深远的影响，与其说是文化的现象，不如说是文化的力量。我想说的是李天命的思想性著作，是智慧的

---

[1] 2007年2月22日添注：例如最近出版的李天命新作《杀闷思维》，面世仅仅半年，便在香港联合出版集团（全港最大的图书出版集团，包括香港的商务印书馆、三联书店、中华书局在内）的"人文社科图书2006年畅销排行榜"中，名列第一。

结晶,是具有经典性的。它带给读者一个既简朴又深刻的哲理:提升自己的思考水平,充分认识自己的人生价值。为此,值得向读者特别推荐。这也是我们制作这个特辑的本意。

——**潘耀明**（明报出版社总编辑兼总经理）

第1辑

◇：李天命博士,我想问问你觉得你的思考哲学,最有用的地方是什么,最没有用的地方是什么?

◆：我所讲的思考方法,最有用的地方就是用来批拆错谬的思维,最没有用的地方则是用来批拆确当的思维。

——《从思考到思考之上》

天命同学仁棣……敏悟为所罕见自不必说……所难得者在……棣之性情纯厚处。大率一般之性情纯厚者多缺敏悟,而敏悟聪明者多尖刻。聪明仁厚极难兼备,能备之者即为大器。

——**唐君毅**（儒学大师,1909—1978）

这两派思想（分析哲学与存在主义）是相反的两极,是需要不同的心态来相契应的，而李（天命）君都能与之相契接而不觉有睽隔，可见其生命之健康与心思之豁达。

——**牟宗三**（哲学大师，1909—1995）

这些好朋友兼学问为我所佩服的人中，李天命先生大概是最年轻的一位了……他关于"思考艺术"的书，我十分拜嘉欣赏。《明报》是我所手创，能请得到他来主持"明报网页"《李天命网上思考》，我大喜之余，首先应命上网。

——**查良镛**（小说大师金庸、《明报》创办人、《香港基本法》起草委员）

我还是中大校长时，曾找天命兄，邀请他当大学通识教育主任……结果我当不成刘备，没办法请得动这位诸葛亮。

*

通识教育是香港中文大学的"招牌"。"思考方法"是中大通识课程的"招牌"科目，天命兄则是多年来任教该科的明星。

——**李国章**（香港教育统筹局局长、前香港中文大学校长）

哲学家李天命教授的哲学思考读物，广受读者欢迎。去年7月出版的李天命新著《哲道行者》，成为香港去年十大畅销书之一；《李天命的思考艺术》一书再版了55版次，打破香港出版史的纪录。

——**张晓卿**（马来西亚丹斯里拿督、明报企业主席、《明报月刊》社长）

香港人口不及台湾的三分之一……谈思考方法……除了《李天命的思考艺术》之外，恐怕没有同类书籍能在香港、台湾或世界上其他地区创下如此销售纪录。

——**林正弘**（台湾大学荣休教授、台湾哲学会创会会长）

《李天命的思考艺术》……获选为香港贸易发展局主办之香港书展"深爱的书"（首届）第一名……一部以"思考艺术"为内容的严肃著作如此广受欢迎，的确是哲学之幸事。②

——**吕　祥**（中国新闻出版总署教育培训中心顾问、至诺企业管理顾问公司首席顾问）

（《明报》："李天命被誉为文化界的飞刀手，思想像磨得锋利的锐器，无坚不摧。"）

要用天命那样细密的分析做标准，只怕大多数人写的东西都逃不过他的"小李飞刀"。

——**刘述先**（台湾"中央研究院"特聘讲座教授，前香港中文大学讲座教授、哲学系主任、人文学科研究所所长）

像李天命这样的人（小李飞刀），最好不要惹他；谁去惹他，谁就倒霉。

——**张五常**（著名经济学家、作家，前香港大学讲座教授及经济金融学院院长）

据我的理解，李天命的那些"骄傲自负"和针对性，只是针对那些表现得骄傲自负和有针对性的人才会"施展"出来的……像这样的逻辑

---

② 《李天命的思考艺术》香港原版：明报出版社（1991）

　　台湾版：允晨文化（1992）　　　北京版：三联书店（1996）

　　终定本：明报出版社（1998）　　简体最终定本：中国人民大学出版社（2008）

大师，其实他心目中最高、最终的境界也不一定是逻辑。

——**周肇平**（香港大学讲座教授、医学院院务委员会主席、前医学院院长及副校长）

李天命教授……是非常知名的哲学家、思想家。他的思考方法和理念非常崭新，富有启发性……他的演讲，所有反应都是一致叫好的。

——**梁天培**（香港理工大学讲座教授、副校长兼设计及语文学院院长，全国政协委员）

天命兄……于思考世界另树一帜，在华语世界得到巨大的回响，我想他承担之重令他如走在"死荫的幽谷"……

——**戎子由牧师**（香港路德会会长）

第2辑

《李天命的思考艺术》……除了书的魅力之外，在香港引起人们极大兴趣的，还有作者本人。他才气纵横，不受流俗羁束。说他是个传奇人物，实不为过。

……本书……析理精微……并不是一般谈论思考与论辩的泛泛之作。它还展现了作者对于逻辑、方法学、科学哲学，以及分析哲学等所具有的深厚功力。

——**方万全教授**（台湾"中央研究院"）

我不够吸引力？好吧，第二堂我找李天命来，讲批判性思考。

——**周肇平教授**（香港大学）

李天命的生平事迹，香港的年轻男女耳熟能详。他在香港读大学，主修哲学；毕业后，到美国芝加哥大学读书。可是，因为天资太过聪颖，留在课堂上或校园里，有点暴殄天物……

——**熊秉元教授**（台湾大学）

像李天命，社会中又能有几人？……唐牟（唐君毅、牟宗三）已去，那个时代已在昨日，永不回来。今天的香港，李天命的哲学，能以思考与逻辑的课题，关注人心，解说悲悯众生，寻找个人解脱，那又不是唐牟今天再生所能做得到的。

——**黄子程教授**（香港理工大学）

《李天命的思考艺术》受欢迎的程度在同类型论述分析和思考的严肃著作中是空前的……开拓了思考方法学的新领域……

当各人对思考方法（特别是它的基本环节）皆不予重视的时候，李先生则大力加以提倡，并以此悉心教导学生。当大家开始醒觉它的重要性且渐渐懂得运用它的时候，李先生则向大家展示出思考艺术的胜境……

众人皆欣羡李先生的明星风采，笔者却独取李先生这份教育上的心思。

——**陈强立教授**（香港浸会大学）

第一次听李博士演讲，我的感受可以用八个字来概括："辩解精妙，解析玲珑。"

——李明堃教授（香港理工大学）

　　对于许多主办演讲的机构来说，他们最大的问题是如何吸引听众来听；但对于为李先生主办演讲的机构来说，他们最头痛的事是如何为听众安排座位。

——叶锦明教授（香港科技大学）

　　听过李先生演讲的人都知道，李先生不仅仅演讲精彩，他回答听众的问题尤为精彩……我会用一个中文字"化"来形容……就是化境。

——王启义教授（香港中文大学）

　　李天命博士对香港思想界的贡献，无须我说，大家都能感觉得到。
　　在香港学术界和年轻人心目中的传奇人物李天命博士，是否真的像同学们心目中所认为的那么神奇呢？其实李天命博士绝不神奇——他是一个很正常的人。

——冼景炬教授（香港城市大学）

　　李天命老师退休，再忙也要去上老师退休前的最后几课……在尾二的一课中，老师谈及数理哲学……令人折服……在最后一课，尤为重要，说明悲悯众生、醒悟、中乘之道，向大家展示人性中美丽的一面。终身受用。

——梁沛霖教授（香港中文大学）

　　成功的准则也是多样的，有的人认为李嘉诚很成功，有的人认为李天命很成功。

——**江绍伦教授**（加拿大多伦多大学终身荣誉教授）

李天命先生……烟不离手，但对食物的触觉却十分敏锐。要他品评一道菜，他的分析可以十分细致，比较微妙的味道，他也吃得出来。

——**刘彦方教授**（香港大学）

八零年代：我读李天命的《语理分析》。他的逻辑，清晰得令我吃惊。

九零年代：我听他的录音、读他的《思考艺术》……都教我恍然大悟！

两年前，每星期四下午，我老远地从港大跑到中大，为的是要听他的课。

——**黄国俊教授**（香港大学）

《哲道行者》使人醒……李天命教授……建立其思考方法学说，就是这部《哲道行者》。

我在台湾、香港、内地的学士、硕士、博士班授课……我介绍天命行者的思方学……其《哲道行者》成一家之言。

——**黄维梁教授**（台湾佛光大学）

《杀闷思维》……提纲挈领地阐释了李先生所创立的思考方法学。

——**邓昭祺教授**（香港大学）

李天命博士的思想，既敏锐又冷静，有动如脱兔静如处子的风格。

——**霍韬晦教授**（法住文化书院院长）

（李天命）才华横溢，遐迩驰声。

——**陈耀南教授**（台湾中正大学）

（李天命）无敌是最寂寞。

——**周兆祥教授**（香港浸会大学）

李天命先生的名气和才华是人所共知的。他诗文俱精，且有"辩才无双"的雅号。故在此任何赞誉之词对李先生而言只是锦上添花而已。

——**陈强立教授**（香港浸会大学）

李天命，他写的人生小语最有智者的映照。

他说："所有关于我的好话都是真的；最低限度，我没有法律责任要声明那不是真的。所有关于我的坏话都是假的；我的坏，只有我自己才真正知道。"

*

在我印象中，李天命是一个永不说"好吧"的人，尤其要他做节目，约他访问、撰文，答案永远是："不。"

这辑李天命的《写意空间》……在电视播放……他本人不愿出镜……由他人饰演……

李天命，永远的真人不露相、露相非真人。

——**黄子程教授**（香港理工大学）

第 3 辑

　　李天命先生……一个浪荡不羁的飞刀小子……成为不附俗流、富明星魅力的哲学沉思者。

——《法言》月刊

　　人类最重要的三种思维是：创造性思维、洞察性思维和理性思维……纵观历史，很少人能在这三种思维上都有出色的表现，今天我们就可以见到其中一位，他就是李天命博士。

　　李博士是著名的思想家、逻辑家和诗人。尤其在思维逻辑上，李博士的成就有目共睹。李博士在近十几二十年来致力于思考方法学——思方学——的建立和发展……还在香港掀起了一股思想的热潮……是一个很特殊的现象，从人口比例上来说，恐怕是世界上独一无二的。

——张海澎（学者、诗人）

　　李天命……右手写思考方法，左手写诗……

——《经济日报》·蓝静雯　谢傲霜

　　在大学、写作界极受欢迎的哲学明星李天命……一向拒绝在电视露面。

　　（李天命："这样做人会简单一些，做坏事也会方便一些。"《从思考到思考之上》）

　　……

李天命是哲学界的一个奇迹……《李天命的思考艺术》长期畅销，出版迄今，连续三年高踞明报出版社榜首，最近更在第五届香港书展首办"深爱的书"选举中，获选为冠军。

——《明报》·徐　征

　　（李天命）似乎不习惯通俗的形式，可能受到"宗师包袱"的影响吧。

*

　　这几个月来我像是他的经理人一样，人们事无大小都来找我："何嘉丽，我想访问李天命呀！"文字媒介和电子媒介都来联络过我们，要访问李天命。但他全部拒绝。很感谢他肯接受香港电台的邀请……

——何嘉丽（作家、歌手、香港电台《思考十三辑》主持）

　　备受香港传媒关注、但又和传媒保持距离的李天命，今次破例地接受我们的访问，其实背后有一个美丽的误会……

　　香港电台听说了，也积极要求一起访问……

　　他那闲闲不拘的言谈举止，很快就让人感受到他的事业和创作生涯中的一种超脱的气象。他有着满头蓬松的黑发，一双明亮的眼睛，精力充沛，身材高瘦。我们可以从他的体格上感受到他性格的力量。

——钱　华（香港城市大学副研究员）
——陈玉茹（香港商务印书馆网上书店开发经理）

　　李先生的思想以"灵、锐"见称，擅长以精辟的例子、幽默的语言，讲论深刻的哲理，创建独特的体系。

——许冬华（香港电台《李天命网上思考》编辑）

李天命可算是香港最出名的思考家及哲学家。

——怒　加（作家）

这次书展（2005香港书展）有两个人最红，一个见到，一个见不到。见不到那个是李天命。

李天命那本新书《哲道行者》，书迷是用"抢"的动作搜购……

不单只他的学问我学不来，文字更加是模仿不了……将几个平常看似无甚关连的字并合一句，意思彰显之余，还令人眼前一亮。

——方卓如（专栏作家）

可以假设，经李天命推敲过而公开立论的观点，一定是很难驳倒的。

——区结成（作家区闻海、九龙医院康复科主管、香港康复医学会会长）

李天命不愧是大师……不存破绽。

——胡雪姬（作家、前"电讯盈科"首席副总裁）

我突然想起李天命……每次想驳倒他，都以失败告终。

——《明报》·陈汉森

每每有人要向他挑战，这正是李天命表现"思想锋利"、"机智幽默"的机会。

——《壹周刊》·张焕娉

李天命"飞刀式"金句，很巧妙，杀伤力很大。

——《星岛日报》·张帝庄

李天命的功夫，学得两成，你分辨真伪的本领就会很强。

——《成报》·李君怡

思哲李天命……原来浪漫得很……以思想锋利见称，顺手拈来又能洋洋洒洒写下美诗美意……

哲人诗人同出一身，两边脑有着两种如此不同的艺术细胞……

李天命是高傲的，因为他有条件，他可以如此。

——《明报》·罗展凤

"天命"，多傲气，却唯有李天命才用得上……李天命的明星光芒，可说是始于1987年……自《李天命的思考艺术》（1991）出版后，李天命顿时大红特红，锋头一时无两……以"狠、冷、准"的思维见称……

——《东周刊》·白广基

李天命玩逻辑，耍飞刀，准！帅！……最近，他的《思考艺术》一书，从香港畅销到了台湾……

——台湾《联合晚报》·刘美明

李天命确有一股"慑人"的魅力。

——《澳门日报》·崔志涛

我在中大副修哲学时，有一个教授很受女生欢迎……潇洒自若……他叫李天命，相信很多人也久仰他的大名。

——李　敏（作家、歌手、编剧、填词人，第十五届香港电影金像奖"最佳原创电影歌曲"得奖者）

李天命……潇洒……带几分成年人的邪气,实在和时下最受欢迎的明星没有两样。

——《中大学生报》·五陵少年

李天命受无数女性倾慕,众所周知。

——《星岛晚报》·陆军装

李天命旋风,震撼了出版界……李天命成为了香港最当红的思想家……魅力难挡。

——《信报》·潘启迪

香港著名哲学家李天命博士于2005年出版《哲道行者》一书,半年内加印10次……在大专界尤其影响深远。

——天道书楼

李天命……身披思想家、学问家和诗人等多重外衣,但始终未及"隐士"一词形容得贴切。

——《文汇报》·张慧燊 李泽铭

"小李飞刀"是哲学逻辑大师的另一称号……只肯下午讲课……是我所认识的大学人中最能率性而为的,全因他有爱怎样就怎样的条件……"小李飞刀"退隐了……大隐隐于市。"小李飞刀"传世之作甚多,他不再露面,可没关系,读者只要看他的著作便好了。

——张灼祥(作家、香港拔萃男书院校长)

李天命是香港鲜有的学术明星。

……《破惘》一书，除了李天命的主角外，更荟萃了香港长于思考的学术界（大学教授、大学校长等）、文化界（专栏作家、小说家等），以至政界精英（立法局议员、各政党主席等），就不同课题"过招"……在混沌的年代……正需要有人用智慧去带出一条生命自处之路。

——**李锦洪**（《时代论坛》社长）

李天命是香港学术界的"明星"……但平日很低调。

——**《香港商报》·阿　齐**

李天命不算太低调，却始终守着学者的本份［分］。明星，他能做，却大大不愿意。

——**《星岛日报》·何　可**

李天命自成一家的思方学影响深远，除了大中学生受其启发，社会各界甚至黑道人士也要一读，无不以思考方法作人生武器……

导演彭浩翔在其小说《全职杀手》的序言中，提到他所认识的一名职业杀手，手边经常拿着一本破旧的《李天命的思考艺术》，说个中内容有利于"讲数"……

李天命作为思方学的大师，除了思考"思考"的问题，其实一切并不多想。

——**《信报月刊》·廖美香**

李天命从叛逆走上哲学之路……找到自己对哲学的独特见解……

在《亚洲周刊》的专访中，李天命家中看不到满屋书籍，却专门有一个打牌及喝酒玩乐的房间；眼前这位哲学家的书柜，侧面倒是"伤痕累累"。李得意地笑道："那是我玩飞刀的靶子。"

但这位"小李飞刀"，却瞄准了哲学的目标……《李天命的思考艺术》，曾名列《亚洲周刊》香港畅销书排行榜长达一年。

……李在中大读书时反叛性很强……不好好答题，却去分析、挑剔题目。

……他拿博士学位，总共只在芝加哥大学校园里待了两个月。

——《亚洲周刊》

整个讲堂坐得爆满，再多开一间教室看电视转播，同样座无虚设……可能大家知道他7月退休，都珍惜得来不易的机遇，听听大师教诲。

李天命讲啥？当然不离"思考方法"……

台下笑到倒地之际，有人举手问："那你怎么看中大国际化呢？"

大师答曰："无眼睇（不欲观之矣）！"

——《苹果日报》·李八方

讲到巨星，当然少不得万人瞩目的李天命哲学大师。

——《明报》·陆　钧

李天命，睿智的哲人和优秀的诗人，以其思考艺术享誉盛名……综合前人的智慧和自己的独创……建立了思考方法学的系统纲领……

他批判思想家们思路不清的思想，而且也批判一些本身思维混乱的搞思考方法的学者。他不愧为思想家们的思想家。

——《香港文学报》·无　非

第 4 辑

李天命……另一身份,是诗人……

像这一首短诗《运动》,只有四句:

  跃起之后

  势须下落

  而今问题在

  你如何去平伏那心跳?

余味无穷,真是好诗。

*

今天新诗,往往有如梦呓……几乎掩卷即忘……

中国人本来是诗的民族,这么多年来,代代都有好诗。

香港在这方面,几乎交了白卷。

幸而有个李天命。

——黄　霑(全才艺人、曲词巨匠,1941—2004)

李天命……为香港青年一代学者之代表人物。其所著《思考艺术》,影响至巨。

*

李天命所写……不是通俗的东西……内容尽管艰深,却是明白、通畅的。

*

思想犀利的李天命竟有《雪伤》这样情伤感痛的诗……

中国新诗，最大的毛病，便是滥情；李天命能以理治之，情理于是相辅相成。

　　——戴　天（诗人、前《信报月刊》总编辑、香港文学艺术协会会长）

李天命妙手剪裁哲理诗……

人们知道的李天命，是思想家李天命、演说家李天命；诗人李天命，相信知道的人极少……

西洋文评且有这样的一种看法：卓越的哲学家恒是优秀的文学家。……优秀耐读的诗篇离不开辞藻运用的出人意表。《寒武纪》的作品，无因袭用语，无陈俗旧词……这种诗是宜于细读深虑的！

　　——秀　实（诗人、"世界华文诗歌大奖"得奖者）

我们谈美食和女人，李天命人性的另一面，最为有趣。

更喜欢他的飞刀绝技……

我是一个摆明功架的好色人……道貌岸然，扮来干个鸟？

李天命可爱之处，是他并不讨厌我们这种人。

　　——蔡　澜（散文家、美食家、制片家）

李天命兄有"小李飞刀"的雅号……他的笔一旦对准何人，便是何人遭殃，一样是笔无虚发，置人于死地，一条生路也没有。

　　——岑逸飞（学者、作家）

天命的学生有很多见过他飞刀，有时他还会跟学生打赌：对着靶板，各飞三刀；如果学生飞中一刀就赢，他飞失一刀就输。结果，那些打赌的小钱就被他赢去了。

*

　　李天命的本事，就是他自己已磨好了一把快刀，然后把刀送给有缘人，教你如何使用，劈开世间许多虚无的假学问，为自己开出一条清晰的思路，百毒不侵。

*

　　李天命的诗已写得出神入化。

*

　　他的哲学给我的启发是：我终究成不了李天命。

——**李纯恩**（作家、美食家、电视节目主持）

　　李天命先生文笔锋利，思辩灵巧……牛刀小试，已技惊四座。

*

　　我从小到大都有许多忧虑，今天正好向李天命请教解忧的方法。

*

　　假如以赚钱和个人的学养来说，我现在绝对处于低点。日后，我可能变了李天命加张五常，我亦可能是李嘉诚……

　　我觉得谦虚是缺点。

——**倪　震**（作家、电台电视节目主持）

　　香港著名思想家李天命博士……有"飞刀小子"之称……指出："一个社会，没有人喜欢文学，还可以勉强存在，但如果没有人喜欢思考，那就恐怖了。"

——**周蜜蜜**（作家、"香港中文文学双年奖"得奖者）

李天命……提出了他的"大脑定限论"或"思维定限论",他说有些"谜"是没法解决的,如"存在之谜"便是,不是因为我们蠢,也不是因为我们掌握的资料不够,而是由于人类的脑部结构根本不可能解决这类问题。

这说法对我真的很受用,如他所说:"有助于我们把存在之谜放下,不再为之困惑终生。"

——**阿　浓**（作家、电台节目主持、"纽约电影电视节银奖"等奖项获得者）

我曾问过李天命他通常做什么,他说"什么也不做"。我形容他是一个"戆居居（憒憒然）但很快乐"的人。

——**方良柱**（台湾联合出版有限公司总经理）

文化界的朋友一直对"李天命现象"感到讶异……讨论思考方法和分析方法的书,怎可能有如斯大的吸引力……他喜欢拿些身边琐事……信手拈来……试试他的手术刀。毫不费劲,收放自如,仅此一端便可见其功力深厚。

——**关永圻**（专栏作家、香港商务印书馆助理总经理）

能够让人在欢乐的愉悦中吸收新知,这样的书实在太少了。如果本本书都像这本《从思考到思考之上》那么精彩,书市场还怕会寂寞吗?如果学校的老师都能像李天命那样以充满幽默的叙事方式来讲解理论,学校的教室还怕会坐不满学生吗?

——**薛兴国**（作家、台湾联合报系集团香港新闻中心主任）

黑板上布满数学符号，老师正在解说着"哥德尔不完备定理"……连续三个周末，每次三个小时……写下整个证明……不带一页笔记，空手而来……小休的时候，李天命老师与几个围着的同学侃侃而谈，轻抖烟枝，耐心地继续讲解。

*

　　李先生的课从来没有冷场……望门兴叹者不计其数。《李天命的思考艺术》1991年初版，至今卖出10万本，在哲学性的书籍中，又是另一奇迹……

　　思考方法之外，其开授的专技课程如"高级逻辑"及"科学哲学"等等，连数学系的研究生也走来旁听。学生的眼睛是雪亮的，若非教学用心、精彩纷陈、见解独到，何来如此受爱戴。获启迪者多年以后依然拱手敬谢，表示受用不尽！

——**陈耀华**（专栏作家、电视节目主持及监制、香港电台第二台台长）

　　有幸跻身在李天命的圈子中，却不敢自认是他的朋友之一，恐怕努力攀也高攀不上；我也不是他的门生之一，自问没有那种资质。

　　我只能远距离观察、瞻望，高山仰止。

——**苏狄嘉**（传媒人、自由作家、前香港电台新媒体拓展总监）

　　李天命精于三"学"，那就是：哲学、文学、逃学。

——**曾智华**（电台电视节目主持、香港电台中文台节目发展总监）

　　艺高人胆大……李天命谈笑用兵，指出很多人想到而未必敢说的问题……针针到肉……

*

据说李天命很年轻便会飞刀、飞车、跳飞仔舞,现在喜欢前往灵山修炼……

——石　琪（影评家、专栏作家）

少年的李天命,长发披脸,盖住了一只眼睛,下围棋,打桥牌,加上烟不离手,以至于其后留学于芝加哥大学的骄人成绩,"小李飞刀",足让师弟妹们听其名而慕其事。

——马家辉（作家、电台电视节目主持）

曾经跟一个哲学大师说,我很佩服他,因为以他对世情人事、前尘今生来世的领悟,他完全可以创立一个新的宗教,但他没有为名为利而这样做。

他听了以后,只笑了一笑……

哲学大师早已破执放手,所以他自在安乐……

李天命先生,一个"心无挂碍"的哲道行者。

——潘少权（专栏作家方思捷、中文版《读者文摘》总编辑）

《哲道行者》……李天命迄今最精彩的作品……

李天命在序中写着:哲道行者,佩思方剑,备天人琴;哲道之行,从思考到思考之上,从人生战场到可安歇的水边。

超然洒脱,就像一幅自画像。

*

《李天命的思考艺术》……出到第50版,缔造了非小说类中严肃书籍的一个纪录……

这样一本严肃的纯思考书籍,竟能在这个图像当道、漫画流行的年头,卖出10万本(台版、京版还未计算在内)……单凭这一本书已可留下光辉一页……

练武当如李小龙,学文当如李天命……终至炉火纯青的境界。

——**张健波**（《明报》总编辑、前《明报月刊》总编辑）

李天命的文名掩盖了许多成名的作家……他的哲学思想,与传统的正统的哲学思想大异其趣……他的敏锐的思考、犀利的文笔,把以上思想批得体无完肤……

他惜墨如金……连一个标点符号也不放过。经手他书稿的编辑都被"折磨"得死去活来……

他简直"惜身"如命,连对他的有关报道也一丝不苟……结果广告给他"枪毙"了。他老兄不想参与起哄……

他从不参加推广活动,如新书发布会或签名会活动,都敬谢不敏……

他是一个难以捉摸的人……他可以把交稿期推延到一年或更长的时间。不管你函电交驰、跺脚焦躁,他自岿然不动……

李天命也许真的修炼了一种"终极功夫","灵、锐"很能代表他的思考。这种"灵、锐"是一种精神的浩瀚,想象的活跃,心灵的敏锐。说李天命是很有创意的人之余,还可以套一句内地流行的口头禅:"很酷!"

——**彦　火**（散文家、香港作家联会执行会长、《明报月刊》总编辑潘耀明）

目 录

序：人生分数 1

·前导篇·

智美兼备 5
 开场白 .... 叶锦明 王启义6

 第Ⅰ部　演讲录 8
  一、教育革命先革废 9
  二、教育基要言思品 14

 第Ⅱ部　答问录 22
  一、足及其他 22
  二、真及其他 26
  三、理及其他 29
  结束语 34

·养心篇·

金刚照与浪漫禅
——杀"闷思维" 39
  概引：真实与超拔 40
    一、正眼观鬼 41
    二、哀乐人生 42
    三、福慧双全 43

  第Ⅰ部 金刚照 44
    小引：强中之强 44
    一、长大容易长成难 46
    二、羊群泡沫屠 50
    三、有情无情浮世绘 56
    四、酸甜苦辣咸 64

  第Ⅱ部 浪漫禅 74
    小引：脱中之脱 74
    一、真假浪漫 75
    二、脱物羁累 78
    三、脱俗套累 82
    四、脱身名累 87

  总结：心铭四句 92
    一、我也不是好东西 93

二、不知足值不快乐 95

三、不快乐白不快乐 97

四、不快乐就不快乐 100

·运思篇·

脑壳忌变皮蛋壳
——"杀闷"思维 107

前言：思考游戏 108

第Ⅰ部　玩批判 109

引语：子矛子盾与善妙重复 109

一、洗双刃 110

二、拍混饨 121

三、耍相公 139

统括：赋能进路 VS 反智赖潮 145

一、缺乏真理诚劲 145

二、反智四赖招 149

总结：理性克反智 159

第Ⅱ部　玩创意 180

引语：一字记之曰变 180

一、变形乐 187

二、变长乐 210

三、变短乐 219

尾声：供人享用的使命至此完成 241

跋：人生战场? 249
后记：三步一回旋 251

·附录 《哲道行者》前后·
明报出版社选辑

一鳞半爪 .... 编　者 255
思方学 .... 李纯恩 259
李天命的新书 .... 张健波 261
《哲道行者》使人醒 .... 黄维梁 263
唐君毅与天命 .... 黄子程 265
哲人的感慨 .... 黄子程 266
李天命武当伤足再悟天命 .... 张慧燊 李泽铭 267

序：人生分数*

·1·

一个由母狼养大的弃婴，长大以后完全不懂人类的语言，完全欠缺文明人的通识，这样的一个狼人，纵使天赋原本非常聪明，其在荒野里所度过的一生，还是会极度贫乏艰苦的，远远及不上一般人在开化了的社会中所度过的一生。

·2·

设100分为人生装备的满分，粗略而言，若说狼人从零出发，那么，任何人只要好好掌握了语文和通识，就已经可以说是从90分出发的了。

·3·

本书顺着三个问题而展开：
一、如何先取90分？（前导篇）
二、如何从90分出发？（养心篇）
三、100分后又如何？（运思篇）

李天命

---

* "人生装备的分数"，作标题而缩略。

前导篇

智美兼备

香港科技大学 2005.12.17

　　明报出版社与香港科技大学通识教育硕士课程合办的"李天命座谈会",于2005年12月17日在科技大学林护演讲厅举行,由科技大学叶锦明教授作引介,香港中文大学王启义教授担任主持。本来容纳三百多人的演讲厅挤进了五百多人,临时开放作现场转播的另一演讲厅LTC也挤满了许多远道而来的听众。以下为此次讲谈录音的文字整理,由张海澎先生执笔,李天命先生订正。

开 场 白

叶锦明：大家好！我是香港科技大学人文学部叶锦明，欢迎大家来参加今天的座谈会。在座的朋友有些是本校的同学、同事，有些是专诚从外面来参加的，欢迎各位来宾。顺道儿我也跟隔壁的朋友打个招呼，隔壁是用做现场转播的演讲厅，已坐满了许多人。演讲的时间延误了一些，但这与李先生无关。熟悉李先生的朋友都知道他很少准时的，但他今天很准时（众大笑）。只是由于来听演讲的人实在太多，为了安排座位，令开讲的时间延迟了一些，实在很抱歉。

很高兴科大通识教育硕士课程能与明报出版社合办这次座谈会。这次座谈会分两个环节：第一个环节由李先生演讲；第二个环节是问答部分，大家可以先将问题写下来，这一部分由友校的王启义教授主持，欢迎王教授。（众鼓掌）

王教授是李先生从美国回到中大后最早一批的学生，现在任教于香港中文大学哲学系，同时又是该系研究院学部主任。王教授既是李先生的学生，又曾与李先生共事，他们亦师亦友，由他来引导问答的部分是再理想不过的了。

现在的室内温度似乎越来越高，除了是大家的热情之外，那是由于演讲厅内人数太多，本来容纳三百多人的地方却挤进了起码五百人。我们已调低温度，但这种情况恐怕还会持续一段时间，请大家忍耐。没办法，李先生的吸引力实在太大了。对于许多主办演讲的机构来说，他们最大的问题是如何吸引听众来听；但对于为李先生主办演讲的机构来说，他们最头痛的事是如何为听众安排座位。（众笑）

李先生自今年4月14日退休后，第一次的公开活动就选择来我们科大，这是我们莫大的荣幸（众热烈鼓掌）。我现在将以下的时间交给王启义教授。谢谢！

王启义：各位朋友、李天命老师，很高兴有这么多朋友来参加今天的座谈会。李先生在很多年前已宣布不再公开演讲，可其间用不同的名目……（众大笑）

李天命：也叫"座谈会"，都是座谈会。

王启义：对，都是座谈会，不过"座谈会"的规模也越来越大了（众笑）。今天很高兴有机会主持这次大型的座谈会。来之前便想到，作为主持人，总要介绍一下李先生。其实也不必介绍，但总要说两句话。我带了李先生的大作在吃午饭时看，随机翻了一下，刚好翻到讲"言辞空废"的那部分，我想到"李天命先生的讲座都是座无虚席的"就是一个言辞空废的语句。在某些情形下，这句话是无须多说的废话，即使不是绝对空废，也是相对空废。（众笑）

相信大家心里都很急了，我会尽快将时间交给李先生。昨天与李先生通电话时，得知他今天演讲的主题，我也非常兴奋，十分期待。主题是："我心目中理想的教育改革"。教育改革和政治改革是目前香港的两大话题。最近四五年，香港的大中小学都推行教育改革，也有不少这方面的争论。相信很多人都想知道李先生在这方面有什么见解，欢迎李先生。

（众热烈鼓掌）

第 I 部　演 讲 录

李天命：王启义教授、叶锦明教授、各位女士、各位嘉宾：

各位看到我走起来有些蹒跚，那是因为今年8月在旅行时跌伤了双脚，现在已经好多了，骨裂差不多愈合了。照医生说，大概需要一年时间才能完全恢复正常。其实现在已经行动自如（将手杖搁在一旁），不过动作有些不自然就是了。

在座不少朋友都曾经在其他场合听过我演讲。我作演讲时，从来不会怯场。但今天除了双脚不妥之外，我的心脏也有些不适。早上去了法国医院看医生，大概是心跳频率不正常，跳得快了些。医生开了药，现在带在身上。虽然思想上知道没有什么值得担心，但生理作用令心跳加快，好像怯场那样。这就令我知道别人怯场是怎么一回事了。（众大笑）

刚才王教授已经提到，我今天所讲的主题是教育改革。[1] 在我心目中，教育的宗旨是提供人生的装备。成功的教育能有效地提供人生的装备，同时令人在学习过程中享受人生。反之，失败的教育不能有效地提供人生的装备，同时令人在学习过程中浪费人生。

我从小到大所见到的教育，绝大部分都是浪费。稍后我会解释为什么这样说。以下分两部分来讲：第一部分概括地谈谈我心目中理想的教育蓝图，并指出在这个总蓝图中，哪些我认为是最基要的项目；第二部分对这些项目作一些简要的提点。各位在问答环节可以就所讲的内容提出问题，也可以问其他任何问题。我懂得答便答，不懂得答便告诉你不懂得答，我不怕难为情的。

Dr. Yip（叶教授），我如果要跟隔壁演讲厅的朋友们打个招呼，该向哪里示意呢？（叶教授指向现场演讲厅后方的镜头，李先生向

着镜头挥手）嗨，隔壁的朋友们好！（众笑，鼓掌）

一、教育革命先革废

（A）教育总系统

先说说理想的教育蓝图，或称系统图。我看**整个教育系统涵盖三个大类**：第一是**语文类**，第二是**通识类**，第三类可称为**精专类**。

语文类和通识类是教育的主要部分，精专类则是教育的深进部分。今天所讲的重点在主要部分。深进部分可以是对主要部分之中的任何一门学科作精专的研习，也可以是对不属于主要部分的任何一门学科（例如会计学）作精专的研习。这并不是说会计学不重要，它十分重要，但它不属于主要部分。以下要谈的是教育的主要部分。

语文类又可分为三种：第一，**基本语文**；第二，**第二语文**；第三，**数学语文**。

第一语文或基本语文指的是我们所属的社会中最通行、平日最常用的语言，是我们在睡梦中、在讲粗话时会使用的那种语言。[2]至于第二语文，对于一般香港学生来说，英文就是第二语文。第三种是数学语文。大家都听过"数学是科学的语言"这个说法吧。读物理的可以不读生物，读化学的可以不读天文，但读理科的都要读数学。为什么？就是因为数学是科学的语言。从这个意义上说，我将数学归入语文类。按香港社会而论，我所说的语文类就是：中、英、数。

再看通识类，**通识类也可分为三种**：第一，**基本通识**；第二，**人文通识**；第三，**科学通识**。

基本通识是人人都需要学的基本功。且不管"事实上"学校有没有这一科，我注重的是"道理上"它是必需的。至于这幅我认为在道理上站得住脚的教育蓝图如何落实，或如何由现实出发一步步引向理想蓝图，大家有兴趣的话，可以在问答环节再讨论。

什么是这里所说的基本通识呢？**基本通识就是思考方法和人生修养**。一直以来，我主要讲授**思方学**（思考方法学），[3] 进而讲述**天人学**（宇宙人生观）。[4] 天人学涉及的境界高，不大适宜在"通识课程"这个层次上讲。依我看来，基本通识只需包含思考方法和通常所说的人生修养就已经是最适当的了。

现在说明一下为什么将第一语文、思考方法和人生修养视为最基要的。

大家不妨以这个判准作参考：用来形容"不懂X"的词语是否含有（或含有多少）贬义。例如，很多成功人士都不懂数学，乐于自称"数学盲"而不怎么含有贬义。其他如"科盲"、"会计盲"等等，皆如是。不懂得记账就找会计师，不懂得工程也没什么大不了。但如果不懂得听和说母语，不懂得所处的那个社会的通用语言，那就等于既聋又哑；如果不懂得读和写，那就叫做"文盲"。一个人不懂医学，有病时可以去看医生而不必自己来医；但如果不懂得思考，就叫做"蠢"。一个人品格差劣，以致做人失败，我们会说他"活该"。

由此可见，**第一语文、思考方法和人生修养有根基重要性**。这并不意味着轻视其他的科目，其他科目可以具有非根基的重要性：专业重要性。

（B）游戏代浪费

以上所说的道理似乎十分浅白简单，但世人往往对一些十分浅白简单的道理视而不见，只会把习以为常视为理所当然。大家试想一想，花了那么多年的时间来读书，从幼儿园、小学、中学到大学甚至研究院，到了最后，对自己的生活，包括工作，最受用的是什么呢？不外就是语文，懂得思考、懂得做人，以及专业知识，至于其他科目则几乎没有什么用处。就我本人来说，读中学时花了不少时间读化学，现在只记得 H_2O 和 H_2SO_4。至于生物，我只记得进化论，而且还不是从课堂上学到的——我当时可能逃课了——而是后来自己看书知道的。又如地理呢，我会考没有考地理，因为在学校考试时作弊而被记大过，后来改考《圣经》而居然合格了（众大笑），结果在地理方面近乎一无所知。学校既没有教思考方法，也没有教做人的道理，我从小学到大学所学到的最有用的就是语文。

实际上**我们在学校所学的有十之八九是浪费了的**，请大家实实在在想一想是不是这样。真诚自问：花了那么多时间读书，到底学到了什么？我不是说化学不重要；对于化学老师、化学家等从事这个专业的人来说，化学是十分重要的。又譬如历史，我只知道玄武门之变，但怎样变我是不知道的（众笑）。最近因为脚伤，整天在家看电视，看剧集光盘，已经看了《汉武大帝》、《棋魂》、《成吉思汗》等等，每套有几十集，这两天正在看《大宋提刑官》。为什么提这些呢？因为谈到历史，我最得益的是看"国家地理频道"或 Discovery Channel（"探索频道"）播放的历史节目，看得津津有味。相反，在中学读历史科，我和同学死党们只是为了考试而死记硬背，记不了那么多就"出猫"（作弊）——不过，即使"出猫"也要先做些基本工夫，不能太离谱，否则连到时该抄些什么也弄不清楚（众笑）——

总之以前学过的许多细节现在都忘了，其实大节也不知道（众笑）。死背过的那些历史年份现在谁还会记得？如果将教育的重点放在基本语文和基本通识上，那么，其他科目因应实际情况大都只需花很少的时间学一学就够的了，不必读得那么痛苦，平白浪费生命。再如物理学，本来我在数理方面比较好，但我的兴趣不在这一边，关于物理我只知道$E=mc^2$之类。事实上，知识分子若非专研理科的话，不知道这些也没有什么关系，就像"薛定谔方程"，知道这些除了可能拿来唬人，根本没有什么用。

　　理想的教育——这里所说的"理想"不是指脱离实际，而是指从道理上讲——可以是十分有趣的，而且不必花太多时间。那么，剩下来的时间呢？可以去玩、去嬉戏。我这些年来看了不少动物纪录片，得到的一个"启发"就是：**高等动物都喜欢玩耍**。你不会看到低等动物例如两条虫或两只蚝在那里玩的（众笑），但小孩子、小猴子、小狮子、小海豚等等就很喜欢玩。小孩子应该让他多玩，既活得开心，又可提高他们多方面的能力。

教育系统图

Ⅰ. **主要部分**

 一、语文类［言］

  （1）基本语文［中］

  （2）第二语文［英］

  （3）数学语文［数］

 二、通识类［通］

  （1）基本通识

   （a）思考方法［思］

   （b）人生修养［品］

  （2）人文通识

  （3）科学通识

Ⅱ. **深进部分**

 三、精专类［专］

二、教育基要言思品

各位，不好意思，我的脚站久了有些痛，想坐下来。演讲时我一向喜欢站着讲，但今天要坐一下，待会儿可以的话再站起来讲吧。

以下是讲谈的第二部分，旨在对刚才提出的**教育蓝图中的重点项目，即基本语文（第一语文）以及基本通识（思考方法、人生修养）**，作一个简单扼要的提点，或多或少有点即兴的成分。要在这么短的时间内讲论第一语文、思考方法和人生修养，当然只能非常非常简要地稍提一下，大家不要期待我有很多话说。

（A）第一优先第一语

首先说说我对语文的一些具有普遍性的看法，这些看法并非只局限于中文。依我看来，有两种关于语文的态度，不妨用两个名称来概括——恰当的名称有重要的作用，能凝聚观念，成为思想结晶——其中一种态度我称之为"**语文暴民主义**"，即那种胡乱使用语言的不负责任态度；另一种我称之为"**语文古董主义**"，即那种凡是用语（包括读音）都要依据词典、抗拒任何新词的过分保守态度。

如果语文暴民主义得势的话，语言的沟通功能和传承功能就会受到很大的损害；另一方面，如果语文古董主义得势的话，语言就难以相应实际需要而发展，结果就难有创新可言。对于这两种语文态度，我取**中道位置**，[5] 并以坐享其成的心情来看——

语文古董主义者有种使命感，例如硬要将"滑稽"读成"骨稽"，因为据说祖父辈是这样读的。但如果用语（包括读音）必须古已有之的话，那么古已有之又必须再古已有之，要追溯到什么时候呢？这是说不通的。不过我们不必去戳穿，以免语文古董主义者发觉自己的使命原来并无稳妥的根据而泄气。须知语文古董主义者对于维持语文的良好生态是有其正面作用的，那就是抗衡语文暴民主义者对语文的伤害。

言归正传，回到中文这种特定的语文上。我相信中文是世界上最优秀的语文（并肯定中文是最优秀的语文之一，希望将来有人就这些论题作出可靠的研究；我主要用心在思方学，绝非语言学）。中文的优秀特质表现在许多方面，例如，语法结构、字词组合的灵活性，极有利于创意思考，等等。没有多少（也许近乎没有）英文词句是中文所无法翻译的，但有许多中文词句是英文所无法翻译的。例如"江湖"一词，就无法妥译成英文。再如"天"这个字就很妙，也无法妥译成英文。它可以指空间，"天空"；也可以指时间，"一天"；此外还有宗教的意味，但又不属于特定的宗教，更不是"上帝耶和华"的意思；它就是有一种超越的意义，至高无上，凡事加上一个"天"字就会"劲"（厉害）许多。（众大笑，鼓掌）

前面提到我这两天正在看《大宋提刑官》,[6] 里面常说"人命关天"。如果只是说"审案时要小心，不要轻易砍头"，这还不够有力，但一说"人命关天"就不同凡响了。又如，男女谈恋爱时，只说双方"门当户对"的话，似乎有些势利，也有点儿老土；即使说"双方合得来"，层次也似乎低了一些；但如果说两人是"天造地设"的一对，就十分了不得。说一个人"罪大恶极"、"恶贯满盈"已经十分严重，但仍不及"伤天害理"、"天地不容"那么震撼。这里只是随手举出一个汉字的一些用例，仔细体味一下该可领略到中文的妙处。单以刚才提到的"伤天害理"这个词语来说，就大有文章可做——天都能够伤害！但我不想扯得太远了……

一直以来，大家都认为中、英、数是最重要的。我认为对于中国人来说，中文是最根本的，英文在香港的特定情况下是很重要的；在内地不见得很重要，甚至不应该很重要。叫十三亿人个个学英文，从经济上考虑是非常浪费的。在一些偏远地区，可能五年才有一个外国人到访，仅仅为了这一点而让整县的人都去学英文，这是非常大的浪费。若能做到像日本那样有好的翻译就行了。我们常常嘲笑日本人不懂英文，不懂英文不是日本人的弱点，日本人的弱点是死不认错，这才是日本人最差的一面。（众鼓掌）

不是每个地方的人都需要懂得英文的，不过香港是一个很特殊的地方，那就让各人自己判断该学多少英文吧，或让做父母的判断一下该要幼小的子女学多少英文吧。但须明白这个道理：**一等一的人之所以一等一，不会是因为他的第二语言讲得使人以为他是从外国来的。**

至于**数学，非理科生根本就不需要学那么多**，只要懂得加减乘除，懂得证明一两条定理，知道数学是怎么一回事就够了，以后可以使用电脑。花了大量的时间和精力读微积分，结果一辈子都用不着；立体几何、解析几何等，对绝大多数的人来说，真的没有什么用处。**一个人学了无用的东西是浪费，整个社会都学就更是极大的浪费。**

其实，决定人生是否成功、是否幸福，个中可由自己掌握的最基要关键，就是语文水平、思考方法、做人态度。简言之就是：言、思、品。

先说"言"之重要，在此又可看到中文的妙处。言语也是一种行为，英文叫做 speech act，即"言语行为"。中文有"言行"（言和行）这个提法，在所有行为当中单单突出"言"这种行为。构成人的一生的，就在于他的言行，可见言的重要。我们有时骂一个人：

"只懂得说！"其实仅当一个人在应做事而不做事，却光在那里空口说时，才可以这样批评他。所有圣哲都要靠"说"而流传千古，"佛如是说……"、"孔子如是说……"、"耶稣如是说……"、"苏格拉底如是说……"等等就是。圣哲是人类中地位最高的，连皇帝也要敬拜他们……

总结一句：**第一语文是真正最重要、最受用的文化家产**，值得好好掌握。[7]

(B) 思考三式一而再

《哲道行者》的"第一主题篇"，旨在建立思方学。建立思方学，有根本重要性；善用思方学，有现实重要性。思方学系统要好用，必须既完备又精简。某些学问可以做得十分烦琐，但思考方法一定要精简、确当、真实受用。像武术中的泰拳，招式十分简单，没有武侠小说所描述的那些花招。师父教你的时候，来来去去就那么几招，每次对打时都用那几招作示范："你看，我又用这一招打倒对方！"总之，**不怕重复，只怕你不会妙用**。思考方法就是如此。这里只略提一下**思考方法的总纲领：思考三式**。我近年来一直都在讲这些，许多人都听过，思考基本上不外乎就是探究"X是什么意思？"、"X有什么理据？"、"关于X，（还）有什么可能性？"，我称之为"思考三式"。

先看思考第一式（厘清式）："X是什么意思？"对于某些字词概念，即使只有模糊的理解也没有多大关系，但对于某些重要的字词概念就必须厘清，否则很危险。当人们高呼"民主万岁"时，有关人等就需要先弄清楚"民主"到底是什么意思。许多人认为"多数决"、"少数服从多数"就是民主。但当某个屋村里的某一间屋有人染上了H5N1病毒时，如果社会上大多数人表决要像杀鸡那样把屋村里的人全部杀掉，认为这样做对整个社会有利，这不就是多数决吗？但这是民主吗？

再看思考第二式（辨理式）："X有什么理据？"大家知道，最近有一个示威游行，主办机构说他们派了10个人去数，得出的结果是有25万人参加；独立机构则由学者专家进行调查，得出的结果是参加者在10万人以下。善用"X有什么理据？"这个问式的人，会立刻意识到要从理据的可靠程度着眼去评估这样的分歧。

早一阵子，迪斯尼开幕的那个时候，此地的行政长官邀请国家副主席讲话，有一个头毛长长的议员（众笑）当人家在台上发言时，他就在台下大喊口号扰乱。后来有电视记者问他为什么这样做，他回答说："（国家副主席）不是说要听取不同声音的吗？"这是他为自己的行为所提出的理由，但不等于是站得住脚的理据。正如这次座谈中有一个小息时间，主席宣布可以自由活动，于是你就跑到台上大小解，辩称："都说是自由活动嘛！"这显然不是站得住脚的理据。

最后说说思考第三式（开拓式）："关于X，（还）有什么可能性？"前两式用于批判思考，是基本的；第三式用于创意思考，是进一步。创意思考绝不限于创制新产品，在日常生活中也极其有用。生活中有许多烦恼，一旦善用思考第三式来处理，你的世界即会大大扩阔。

烦恼通常是由于得不到想得到的东西而产生的。这时，最好就是考虑一下：还有什么可能性？有很多可能性！其一是"塞翁失马，焉知非福"；其二是"退而求其次"；其三是"迟些才不开心"，等等。有些人不开心时，别人怎么劝都没有用，那就尝试稍后才不开心吧。

或者设定：单日开心，双日不开心（众笑）。又如要自杀的人，在那种状态下你怎么劝都没有用，即使你说出了最有道理的道理，连上帝也认为你有理，也还是没有用，因为在那种状态下，他根本没有道理可听得入耳。这时唯有使出最后一招，跟他说："你要自杀我不阻挠，但看在朋友的份上，可否推迟一个月？去死也不必这么急吧？"只要他肯推迟一些才去死，到时心态一旦改变就不会再要去死的了。

然而，如果一切办法都用尽了而仍然无效，这就叫做"死心眼"。死心眼也有程度之分，有一般的死心眼，也有绝对的死心眼、永恒的死心眼。碰上这样的人就真的一点儿办法也没有。一般人不快乐是因为遇到了不快乐的事，永恒的死心眼以为自己不快乐是因为遇到了不快乐的事，实则不然。他根本就是一个不快乐的人，即使不是遇到这件事而是遇到别的事，也一样不快乐。如果你是这样的人，那还有什么可能令自己不那么苦恼呢？好像已没有什么可能性了，但其实还可以后退一个层次。在那个层次上还有可能性，就是免费观看悲剧的可能性："我是一个悲剧，无可救药，不过还好的是，我观看悲剧免费。"

（C）人生路上情义礼

言思有智慧，品格有美德——智美兼备——正属教育的最高理想。以下谈谈人生修养，特别提出**情义礼系统**来说。

这个系统具有"条理井然、大体完备、根基重要"的特质。不少辅导专家、心理专家、管理学专家等等所发表的论调，只是随意想到什么就说什么，别人（甚至他们自己）看后即忘。比方所谓"与人交往的五大须知"：第一，准时；第二，不要在别人的家里随地吐痰；第三，不要在人家的客厅涂鸦；第四，不要将人家的冰箱当做自己的粮仓；第五，不要在人家的厕所写诗，诸如此类。这当然只是漫画式的表述，旨在揭示：那些论调不外是杂乱无章地把条目随便堆在一起，完全欠缺"条理井然、大体完备、根基重要"的性质。你看完以后，可能只记得两点：准时不随地吐痰。（众笑）

现在就略为大家说说情、义、礼。

"心"在中英文里的用法大致相同，"脑"亦然，这个现象恐怕不是巧合的。当我们说"我心里挂念你"、"这是我的心意"时，所说的"心"不是指解剖学意义上的心脏。此处讲心和脑的分别时，也不是指生理学上的分别。就人生修养来说，心最重要的特性就是情，心加上脑最重要的特性则是义。古人说："义者，宜也"，指的是应当、适当、恰好。是不是应当、适当，是不是恰如其分、恰到好处，这需要大脑去分辨。但只用大脑去分辨还不够，因为背后还需要推动力，这就在于我们的心。如果纯粹出于大脑的思考，那就难以找到动力理由——为什么要为你而死，为什么要舍生取义。

心和脑、情和义，属于内在。有诸内形诸外时，就表现为礼。情义礼、心和脑、内在与外在，由此不难进而窥见情义礼系统具有"条理井然、大体完备、根基重要"的特质。

先谈情。人一到青春期，情感就丰富得不得了，没有必要教他们多情一些。但要教他们应有孝心，教他们要有慈悲之心，教他们对人尤其是对弱小要好一些。每个人做得好一点儿，世界就会美好一点儿。报上不时有虐待女佣的新闻，真是不可理解。忘了是谁说过，一个人的高贵程度视乎他怎样对待下面的人。香港人在很多方面都很不错，50万人游行而秩序井然，从这次对待韩国示威者的态度也可见一斑。香港人理性、聪明、灵活，但这并不足够，有不少地方还须要改善，例如某些人对待佣人的态度。当然不仅仅是对待佣人，你见到工人、侍应等工作辛苦，能多给小费就多给一些吧。从没听说过有人因为多给小费以致生活潦倒要露宿街头的。在情方面，不必讲什么大道理，只要从小处做起，对人好一些就已经是很好的了。

至于义，因时间关系，这里只用例子来稍说一下。如果借钱给好朋友，那就不要想着要他还，最好不要他还；但如果向朋友借钱，那就一定要还。千万不要借钱不还还要教训人："不是说要讲义的吗？朋友有通财之义嘛。"（众笑）

最后讲礼。常常听到老师抱怨学生、家长抱怨子女、上司抱怨下属的是：没有礼貌、没有责任感。不负责任属于不义，义的观念刚才已略微透露过。没有礼貌则是失礼，那是新一代的通病。我并不是说现在一代不如一代，事实上我认为在总体上一代比一代进步，尤其在爱心和公德心方面就比以前进步，只可惜往往失礼。很多人都有误解，认为礼只是表面形式而已，重要的是心意。其实两样都重要。你有这样的心意，自然就会有实际的表现。礼本来就是内心的表现。你去喝喜酒就不能不送贺礼，你不能说这不过是形式上的东西，我不重视形式，我只重视心意，我带了个心来，兼带了个胃来，准备大吃一顿。（众大笑）

我就讲到这里为止，各位若有不明白或不同意的地方，又或有任何其他的问题，都可以在问答的环节中讨论。

（全场热烈鼓掌……）

王启义：我们休息十五分钟，但大家不可以前来大小解。（众笑，鼓掌）

第II部 答问录

王启义：各位朋友，听过李先生演讲的人都知道，李先生不仅仅演讲精彩，他回答听众的问题尤为精彩。对于李先生今天的演讲，无论在内容上或技巧上，我会用一个中文字——"化"——来形容。这个字也很难翻译。你看李先生不管是站着说还是坐着说，也不管他是心跳快还是心跳正常，都讲得同样精彩。这就是化境。

一、足及其他

（A）足不足・1w足・好好消化

王启义（继续）：现在到了问答的环节，我手上有一大堆听众提出的问题，随机先抽一个。

这个问题是：我平日思考的方式是所谓的4w：what, when, where, how。李先生在思考三式中没有涉及how, 是否有所不足？我认为教改最头痛的问题正是how, 如何着手教改？

李天命：第一个问题问思考三式中没有how是否有所不足。当我们问某某事物是否有所不足时，需有一个标准，相对于这个标准才可以谈得上足或不足。一锅粥足还是不足？要看对谁来说。对于一只蟑螂来说已经足够了，但对于一个大吃的人来说，可能不够。如果问题问的只是：没有how是否有所不足？这个问题无法回答。无法回答不是因为我有所不足，而是因为这个问题有所不足。（众笑）

第二个问题问的是如何进行教改。我猜问这个问题的是一位老师。所谓how, when, where等问题，其实全都可以用what来表达——1w足矣。How的意思是"如何",例如问"如何做某事",你也可以这样问:"做某事的方法是什么?"When问的是时间,你也可以用"什么时间?"这个问法来表达。所以,你的问题也可以这样来表示:教改最有效的途径是什么?这也是what的问题。

我不熟悉有关的情况,你不妨问一些比较具体的问题,例如教改中最头痛的事……看来这位朋友是在隔壁的演讲厅。

王启义:另一个问题是:人生修养是如何学的,是否没有一定的准则?如果我觉得自己的修养好,是否不需要学习?怎样提升个人修养?

李天命:第一个问题问人生修养如何学,是否没有一定的准则。我猜你的意思是,讲习人生修养,是否没有一定的方法或形式。你可以喋喋不休地"磨"他,这是一种有用的办法。我们把座右铭贴在墙上,实际上就是喋喋不休地"磨"自己。磨是一种方式,打是一种方式,经济制裁也是一种方式,诸如此类。你可以说有各种各样的方式就表示没有一定的准则,但你也可以说有一定的准则,就是将那些各种各样的方式或准则用"或者"并联起来,这个总的准则就是一定的准则了。(众笑)

第二个问题是问:如果觉得自己的修养好,是否不需要学习?如果我觉得自己的修养好到不需要学习,那我就觉得我不需要学习(众大笑)。不过,觉得如何是一回事,事实上如何又是另一回事。所以我只能说:如果我觉得自己的修养好到不需要学习,那我就觉得我不需要学习。(众笑)

第三个问题是:怎样提升个人修养?你把我先前所讲的内容好好地消化一下,希望有助于提升你的个人修养。(众大笑)

(B) 同意・善举・稻草人

王启义：现在这条不是问题，而是评断："我不同意草率地否定数学和科学对训练所谓基本能力的重要性。"

李天命：凡是"我不同意草率地……"、"我不同意蛮横地……"、"我不同意愚蠢地……"，这样的说法总是对的。我同意你的这个不同意。（众大笑，鼓掌）

王启义：这个评断还有另一部分："学习与练习需要平台，不能抽象地谈学习。"

李天命：我刚才不是已经抽象地谈学习了吗？（众笑）

王启义：我想他的意思是不应该。

李天命：不应该抽象地谈学习？我看需要厘清一下这个问题，请勿尴尬。这里的气氛很温暖，当做闲话家常好了。我的回应可能使你的问题显得好像不那么聪明，就算如此，也不表示你不聪明（众笑）。提问者能否出来解释一下……

（提问者 A 教授从隔壁的演讲厅移步过来发言，众鼓掌）

A 教授：我是教数学的，我认为数学或其他科学有一个重要性，它能提供一种训练。例如，为什么要学三角几何？我们虽然不一定天天都能用得上，但它对训练我们的逻辑思考很有用。

李天命：通过几何训练逻辑思考，为什么不直接学习逻辑？熟悉我的朋友都知道，或看过我所写的东西你就会知道，我是非常重视数学的。一个人可能是一个优秀的会计师，但我们不会说他是一个伟大的会计师。我们只会说"伟大的哲学家"、"伟大的数学家"，等等。数学是一门非常重要、非常精彩的学科。逻辑是基础，数学是上层建筑，十分宏伟，比逻辑复杂得多。我绝不是轻视数学。我只是说，如果一个人的兴趣是在数学方面发展，或者在很需要数学的学科方面发展，譬如物理、天文、化学等，他就应该好好地学数学。但事实上很多人的兴趣都不在此，他们学得最痛苦的也是数学。我的数学还过得去，许多数学博士我都能与他们交流得很好，我可以很谦虚地这样说……（众大笑，鼓掌）……我绝非贬低数学，只是觉得可惜，许多人读数学读得那么痛苦，你硬要他读数学、考数学，他就只好死记公式，其实并不明白，如果明白的话，就可以靠推理而不必死背。我的意思只是说，不如节省这方面的浪费，在避免浪费他人生命的事情上做点善事，如此而已，绝非小看数学。

A 教授：我的意思是，你所说的这种现象也正如在学中文时要不要背诵、背诵有没有用这个问题。我十分赞同你所说的那些基本原则，我认为教数学或教其他科目时都要从这些教学的基本原则出发，以它为重心，环绕着它来设计课程，给学生提供训练，达到你所说的基本能力。但在训练过程中不能抽象地讲：嗨，你背熟这思考三式，背上三次、三十次后就能学会思考了。但实际上不是这样的，学生是需要练习的。如何练习？通过 media，即平台。数学是十分纯粹的，也是十分极端的，练习时当然要极端一些。从这个意义上说，它绝不是一种浪费。我最担心的是你说它是一种浪费。它是一个必需的练习。

李天命：你认为目前数学所占用学生的时间不是浪费，我已经说明了为什么我认为是浪费，但你并没有说出为什么不是浪费，只是重复地说不是浪费。

你说不能靠背熟思考三式来学会思考，这个说法当然是对的。学过思考方法就会知道，有一种谬误叫做"刺稻草人的谬误"。根本没有人这样说，你却一味攻击这种说法，仿佛那就是对方的说法，但其实不外乎是攻击空气，也就是刺稻草人。没有人说每天拿着思考三式来背上三十遍就能学会思考的呀。

二、真及其他

（A）口才首重真 vs 假大空陈滥

王启义：下一个问题是关于中文的："我自小学中文，自己都感到十分痛苦，不明白为什么香港教育统筹局（简称教统局）会以'愉快地学习'作为口号。李先生你在这方面有什么看法？"

李天命：听说中学的教科书一塌糊涂，以致老师教得一塌糊涂，学生也学得一塌糊涂。但这不表示语文不重要。他是不是说语文不重要？

王启义：他是说学习中文从小就感到很痛苦。

李天命：这不是一个问题，只是感叹。

王启义：他说不明白为什么教统局会以"愉快地学习"作为口号。

李天命：李国章教授写了几篇文章恭维我，我一直没有很好的机会也恭维他。你总不能吃了人家的恭维而一声不响，现在正好趁这个机会说一说。我曾说过他有很多优点，例如非常聪明。连我都说他聪明，可想而知他真的很聪明（众笑）。他总持全香港的教育而最没有高官习气，极其难得。现在把许多账算在他身上是不公道的。他主掌教统局没有多少年，才三年多吧？许多教育上的弊病是从20世纪六、七十年代一路累积下来的，比如那些教材，真是一塌糊涂。我不一定鼓励今天就立即在中学教思考方法。一般讲思考方法的书，作者自己也头脑混沌，拿来教人就只会越教越混沌。语文也是如此，

越教越不行。你不如多上一些好的网……（众笑）

我所说的语文包括语言文字，也包括说话口才。最好的口才训练不是看那些讲口才的书，它教你演讲时第一步要怎样，第二步要怎样，手要怎样放，等等，实际上完全不是那么一回事。演讲根本不必理会那么多，**最重要的是真诚，真的有实话可说**。如果所说的连自己也不相信，那就肯定没有说服力。别人是会感觉到讲者不真诚的，甚至小孩子也能直觉到这个叔叔在骗我。要真的有实话可说，而不是堂皇空洞陈腔滥调——不是大而无当千篇一律。当今信息泛滥，每天都有一大堆报纸扔进垃圾桶，书店里的书摆放了一个星期就从此消失。以前需要学习要看什么书，现在需要学习不要看什么书，因为太多太多了……我这是趁着问答之便借题发挥一下。

(B) 简入繁出·整全视野

王启义：下面是一个很具体的问题：既然你认为中文是一种很优秀的语言，你认为以后中文的走向应如何？是保留繁体字，还是像内地那样用简体字？

李天命：再借题发挥一下。我平时心理很健康，但偶尔也会有点神经衰弱，看到报纸或书本上的繁体字笔画"黏"在一起，便会有些不清爽的感觉。你没有神经衰弱就不能对此产生共鸣（众笑）。我想问一下大家，看过《XXX的思考艺术》的朋友（众笑），会不会觉得那些字排得太密，很难看清楚？（众说：不会。）那我就安心了。原来大家并不觉得字距太密，实在是太好了，真是今天的一大收获（众笑）！话说回来，我觉得繁体字比较美，简体字比较清晰。若问我选择简体字还是繁体字，我最近两年学会使用手写板输入，我会选择用简体输入，用繁体输出。（众大笑，鼓掌）

王启义：接下来的问题是关于教育改革的："李先生，你今天谈教育改革，只是讲了教育应有的内容。但有时人们会说：'此人天生不可教！'等等。所以，是否需要在教育改革中加上教育前准备？"

李天命：我不确知这个问题的意思。他问要不要对天生不可教的人做教育前准备，那是不是说在胚胎期或出生时对他做手脚？（众笑）

王启义：他有东西补充。

李天命：噢，原来是（网友）Psyche！

Psyche：我的意思是，假如可以通过高科技，例如DNA检验，发现有些人天生不可教，就给他打一针、下重药，令他的脑分泌正常。也就是说，在教育前为这些人做些准备，这样会不会更好？

李天命：会。（众大笑）

王启义：下一个问题是：从李先生的大作中我已经得到九一主义和事恒角度的种子，但仍然时常觉得不如人，并对世事的无常觉得不安。请问，有没有什么可行的方法培养这两颗种子？

李天命：我已经在书中解释过，要分开两层来看。在**思想层面**上透悟了九一主义，让它成为了你心里的一颗种子时，长远来说它会一天天发挥越来越大的作用，但不会目前就立刻令你在**心理层面**上自卑全消的。要在心理层面上消除或削减自卑的话，必须努力用功，并没有免费午餐。如果你觉得自己事业不如人而自卑，那就要在事业上用功。不可能一听过九一主义之后，无须用功就会在事业上超过别人的。世上哪有这么便宜的事？

至于为人生无常而觉得不安，最彻底的对治就是看透生死。我认为自己对此已能看透。如何分辨我说的是否真话呢？可以循此考察：当一个人说他可以为你牺牲性命时，你如何分辨他说的是否真话呢？我们有许多判断都不是靠直接证据的，有多少人到过非洲、上过月球？——就算你到过非洲，你所能掌握到的也无非就是"导游小姐如是说"、"本人在机场见过一个写上（比方说）'南非'两字的告示牌"之类的证据而已——实际上我们往往需要而且可以倚靠**间接证据**，从"整全视野"作出判断：比如，考虑别人一向以来的整体言行表现，基于有关的知识，最后通过赋能进路（主要凭着理性思考的天赋能力）来作全面权衡，由此判断那个人所说的话是否可靠。

有的人害怕自己死后所爱的人不伤心，我只害怕自己死后所爱的人伤心。只要大家对生死有相同的看法，我就再无牵挂，当然不是说汽车撞过来也不躲开（众笑）。我可能突然倒下，这就是无常。某年某月某日我和大家在科大有缘相聚，最后突然倒下，这件事从此成为一个永恒真实的事件，这就是事恒。知道世事无常，同时又能以事恒角度来看，那就庶几可以逍遥了。

三、理及其他

（A）心理≠理据

王启义：这位朋友以自问自答的方式表达他对哲学与心理学关系的见解。他问：哲学与心理学是否有一定的关联？然后自己答道：哲学的工具是头脑，一个独立思考的头脑；认识头脑的运作是心理学，心理学会令哲学学生更加明白自己思考的方法，令学生更有效地利用这个工具。例如，马克思发表社会主义是因为他穷、受到压迫。

李天命：哲学和心理学有一个根本性的分别。哲学着眼于思想言论能否成立、是否正确、是真理还是谬误。一个人的脑在什么状态下（譬如通电刺激后）会抱持怎样的思想言论，这不是哲学的问题，而是心理学的问题。心理学研究思想的因果，哲学分析思想的理据。研究出马克思之所以提出社会主义是因为他穷（且不管这是不是实情），这是心理学的工作。哲学不理这些，哲学探究社会主义是否站得住脚，是否是真理。

王启义：另一位的问题，这位朋友请你解释你下一部著作中的一个概念：科神玄接。

李天命：那是我所讲的"天人八谛"的最后一谛。卖个关子，这个问题将在《智剑与天琴》之中讨论。（众鼓掌）

（B）冲击·装备·猪狗

王启义：一个比较私人的问题：几个月前你的脚受了伤，是否感到很痛苦？在此向你问候。有何新体验？对思想带来了冲击吗？

李天命：首先多谢你的问候。你问是不是很痛苦，我的回答是：痛但不苦。我很能忍痛。当时是在去武当山旅行的回程中，某次为抄捷径而从高处跳下，[8] 大概一层楼高。上次从这个高度跳下是毫无问题的，但这次不行。上次是在20世纪80年代。（众大笑）

回香港后就由救护车直接从机场送到玛丽医院。我要借此机会多谢老友周肇平教授，[9] 朋友们一向公认他真正当得起"仁心仁术"之美誉。他问我跳下来时有没有向前或向后跌倒，我告诉他我在着地的一刹那还是站立的（众笑），但马上痛得要坐在地上，双脚肿得连鞋子都逼开了，像猪蹄。坐在地上不久，看到一位团友（Andrew）正犹犹豫豫地也想往下跳，我就高呼叫他千万不要跳，一定要跳的话，就先坐在边缘垂下双腿，减少几尺高度，然后再用手按着边缘借力，不要学我。我在痛极的情况下还会警告并指导别人，算很能忍痛吧？但你们不要因为我能忍痛，就跑来打我、刺我呀。（众笑）

虽然痛，但不苦。许多朋友打电话来慰问，我这四个多月来除了复诊都不出门，他们以为我一定很苦闷。其实我倒十分享受这样的生活，我一向喜欢无所事事，享受无聊的日子。

王启义：有何新体验？

李天命：新体验？（李先生笑着说）唯一的体验就是广东话所说的"唔衰捋来衰（自讨苦吃）"！

王启义：对思想有没有带来冲击？

李天命：对思想没有带来冲击，对一双破裂的脚踝则带来了冲击。（众笑）

王启义：接下来是一个很具体的问题：这几个月来，你在家的时候，有没有为你的新书下笔？何时可见到你的新作？

李天命：不要对我的新作寄太大的期望，我的书不同于小说。小说读者希望作者不断写下去。如果我的书要靠不断写下去才有用，就等于没有用，否则就是你不懂得运用。我提供的是**思考利器**、**人生装备**，不是武侠小说、爱情小说。如果天假以年的话，我会完成"哲道十四阕"，但十四阕中的主角就是刚刚出版的《哲道行者》，主要的思想都已藏在那里。我在养伤期间只顾享受悠闲，根本没有去理未写的书。

王启义：这里有两个问题：第一个问题，"如何面对死亡"这类问题是不是包含在你刚才讲的理想蓝图里面？如果是的话，在哪一个位置？

李天命：中学生、大学生还太年轻，你跟他们讲死亡，他们难有共鸣。他们可能会同意某些观点，但难有真切的感受。在前面提出的蓝图里，叫做"人生修养"的部分属于基本通识，讲"情、义、礼"之类的做人之道；至于"如何面对死亡"这个天人学的大问题，如果要讲的话，我会把它归入精专类。

王启义：另一个问题：责任感是不是属于你刚才所提的蓝图中"义"的部分？

李天命：是。

王启义：为什么属于义而不属于礼？

李天命：一个人没有责任感，我们不会说他这是"无礼"，这样说会很怪。不负责任的人，我们可以说他"不义"。粤语残片中，一个人做了某种事之后不负责任，你会说他"不义"（众笑），说他是"不义之徒，猪狗不如"，但你不会说："啊，你无礼！"（众大笑）

（C）各适其适・理性体能

王启义：再来的这个问题问的是有关教育中的浪费：你说许多人在后来的工作和生活中都没有用到以前所学的东西，如数学、科学等，于是你说有许多教育是浪费。这会不会是马后炮？有谁打从一开始就知道自己将来会用到什么知识？有可能避免这种浪费吗？若有，如何避免？

李天命：我所讲的教育改革是从道理上讲的。就算目前香港甚至全世界的教育都不是这样，只要我所指出的教改方向在道理上正确，那么，全世界的教育都应该**朝这个方向**进行改革——即使要一百年以后才能落实。在我所讲的教育改革中，以物理学为例，它能编入通识类的内容应当很少。一个思想成熟的人对物理学知道得很少有什么关系呢？我们的教育可以这样设计：每个学生除了语文类和通识类外，还要选一两门精专类的科目，视乎个人而定——各适其适——这最能发挥各人的长处。不喜欢物理的，可以少读一些；喜欢的，可以在精专类那里选读。

我们怎么知道自己将来从事什么工作？不一定知道，但可估计概然性。**不能因为将来有可能从事某行专业就要求每个人都去学那门专业，不能因为有这个可能性就造出那么大的浪费。**世上有那么多的学问，有"可能"你将来要靠古文字学吃饭，是否因此就要规定每个人都必须学习甲骨文？

还有多少条问题？回答最后两条吧。

王启义：好的。这个问题是：李先生，在什么机缘之下令你知道思考的重要性？

李天命：我要多谢小学的班主任熊爱珠老师。"机缘"通常指的是某个特定的事件，但我们一般不会因为某个特定的事件而知道思考的重要性的。如果一定要说是机缘的话，我只好从引申或扭曲的意义上来说。我并非由某件事知道思考的重要性，而是由某件事印证了我小时候自认为擅长思考的这个想法。我从小就认为自己很擅长思考。读书的时候，老师对我的操行评语一向都不好，不是"顽皮"就是"话太多"等，但熊老师给我的评语是这三个字：有思想。（众大笑）

王启义：他问的不是你如何印证自己很擅长思考，而是如何知道思考的重要性。

李天命：我想肯思考的人都知道思考的重要性的。（众大笑）

王启义：最后一个问题是：过于感性可能会导致盲目、情感泛滥；过于理性可能显得无情。那么，对于情感问题，例如亲情、爱情、友情，我们应该感性地还是理性地去解决？

李天命：我想问题在于没有掌握好"理性"这个词的意思。把理性与无情、算计、计较、势利连在一起，这种误解十分普遍。其实，**理性就是确当思考的能力**。在某些有关理性的说法中，你用"确当地思考"代替"理性"这个词，就会发现那些说法是有毛病的。例如说"过于理性会冷酷无情"，等于说"过于确当地思考会冷酷无情"。我看不出确当思考与冷酷无情之间有何关联。整个问题出于误解了"理性"一词。

人类胜过其他所有动物的地方，不是靠体能，而是靠理性，亦即确当思考的能力。运动健将的地位总比不上圣哲。无论多么擅长打斗，你都敌不过一只500磅的猩猩，更敌不过狮子、老虎。无论跑得多快，你都跑不过猎豹。世界游泳冠军也还是游不过鱼。想清楚"理性"的意思，就不会产生那些流行的误解了。

结 束 语

王启义：我们从3点45分开始，到现在差不多足足3个钟头了。李先生脚伤初愈，今天心脏又不妥，但他仍然来到这里，实在非常难得。

李天命：我可以问自己一个问题吗？

王启义：可以。

李天命：我问：李先生，你还有没有什么话要说？我回答：有，我还有一些话要说。（众大笑，热烈鼓掌）

李天命：首先深谢大家，十分感谢明报方面的工作人员和科技大学方面的工作人员，[10]非常非常感谢精思敏锐的王启义教授，特别感谢公认美貌与智慧兼备的叶锦明教授。

（长时间热烈鼓掌）

注　释

附注可留待读过正文之后才翻阅。

［1］演讲或讲谈通常是就大体而言，略去边僻例外。拙讲一般亦持此态度。

［2］本地外国人的教育问题不在今天要谈的范围内。

［3］关于"思考方法学"（思方学），见《哲道行者》提纲篇&第一主题篇；另见拙作《思方学八讲》（CD）。

关于人生修养，见《从思考到思考之上》，总览篇；《善死生》；《破惘》上卷第5、9、13章，下卷第1、2、4章，另见拙作《心通识六讲》（CD）&《李天命演讲系列》（CD）。

［4］关于"宇宙人生观"（天人学），见《哲道行者》提纲篇、点睛篇、第二主题篇。

［5］对于所谓"纯正中文"、"方言入文"之类的问题，我的取向类同。

［6］观后感：这套剧集开首颇引人入胜，中段越来越劣，烂尾。

［7］所谓传世之作，不外就是精神相通、心灵遥契的读者一代通知一代、一代传于一代的结果。文可透过心有共鸣的读者一代传于一代而传之久远，这是文的光荣；屁却无法透过鼻有共识的闻者一代传于一代而传之久远，这是屁的悲哀。

［8］有的传媒报道如实，有的传媒报道并不符合实情。

［9］鸣谢之机难得，趁此机会同时多谢周教授的高足（周教授誉之为其所属医院中骨科最top的）吴家豪医生，并十分感谢气功高手张建国教授。至于老友源大棠医生，长久以来有什么大病最终都是通过他而得以无恙，那就更是无言感激了。

［10］特别深谢彭洁明小姐。

养心篇

金刚照与浪漫禅
——杀"闷思维"

话虽重而轻说,
迷者不知其重。

概引：真实与超拔

· 1 ·

精神强悍、重义、生命真实，这样的心灵素质，且称之为"金刚照"。[1]

精神超拔、重情、生命洒脱，这样的存在境界，且称之为"浪漫禅"。

· 2 ·

金刚照和浪漫禅，基本属于性格层面。

性格层面上的金刚照，通向思考层面上的"锐"；

性格层面上的浪漫禅，通向思考层面上的"灵"。

· 3 ·

与金刚照相反的极端，可谓之曰"泡沫孱"。

与浪漫禅相反的极端，可谓之曰"庸俗黏滞"。

泡沫孱和庸俗黏滞的思想心态，姑称之为"闷思维"。

· 4 ·

攀登人生百丈峰，最后十丈最考功夫，成败高下皆系于此。

此中两大关键，正是金刚照与浪漫禅。

一、正眼观鬼

·1·

心脏有病看医生，
心灵有病看自己。

·2·

金刚照正眼观鬼，不会以手掩目而同时又从指缝间偷偷地看。

·3·

泡沫孳生存于泡沫之中，痛恨挑破泡沫，别人揭出实相就恨之入骨。

·4·

思想家如果大多数人恨之入骨，就不会有巨大的影响力；如果没有人恨之入骨，就欠缺了杀伤力。

·5·

金刚照，直面人生实相，心感苦乐，脑观苦乐，能离苦乐，不动如如。

·6·

悲痛时观悲痛，离悲痛。
自伤时笑自伤，杀自伤。

· 7 ·

即观即离，笑可杀伤。

二、哀乐人生

· 1 ·

心灵痛苦每多属于无病呻吟，可加可减。
身体痛苦往往立场强硬，没有争议余地。

· 2 ·

灾难贫疾是治疗无病呻吟的最佳特效药。

· 3 ·

心脏有问题而痛，消了痛不等于没有了问题。
心灵有问题而痛，消了痛就等于没有了问题。

· 4 ·

浪漫禅以超拔的精神超脱心灵的痛楚。

· 5 ·

练大只佬，化悲愤为力量，辛苦也。
行浪漫禅，以悲愤来搔痒，一乐也。

三、福慧双全

·1·

有的人是一出自编自导自演的悲剧。

·2·

一般人遇乐事则乐，遇苦事则苦。

某种人遇不遇到苦事都苦——只因性格，只因自己是一个不快乐的人。

·3·

性格郁苦者之苦，且称之为"自性苦"，或谑称之为"自孕苦"。

性格常乐者之乐，且称之为"自性乐"，或昵称之为"傻傻乐"。

·4·

心头纵使不快乐，心底依然傻傻乐，

其人有大慧，其人有天福。

第Ⅰ部　金刚照

> 我预测，不预期。
> ——《哲道行者》

小引：强中之强

· 1 ·

"耶稣结婚生子" vs "耶稣在水面行走"
哪句话荒诞些？

· 2 ·

强者主要凭理性思考来下判断，[2] 泡沫孱主要凭一厢情愿来下判断。

· 3 ·

最根源的善不是信上帝，而是同情。
最根源的恶不是不信上帝，而是寡情。

· 4 ·

强者惩恶护善，弱者欺善怕恶；变态弱者虐待动物，野蛮民族以屠狗为乐。

· 5 ·

狮子吼强劲低沉，

金刚照寂默无声。

· 6 ·

关于人生实相，幼稚的人茫无所觉，浮浅的人表层滑过，心结多的人虚妄曲解，心灵孱弱的人不敢正视。

真能深入人生实相者，天堂地狱一体平观、如实透察，性格必含金刚照。

· 7 ·

无常地狱就在人间。在无常地狱里，灵魂可以变至无法辨认[3]：
"你是谁？"
"我是你的至爱呀！"
"我不认识你。"

· 8 ·

有福者，"爱敌人"是可能的，如果那个敌人是美人的话；"爱美人"是不可能的，如果那个美人性格丑陋的话。

· 9 ·

性格悲剧的主角，总以为自己演出的是命运悲剧。
这就是性格悲剧。

· 10 ·

尊贵的灵魂独行者，
宁做"稳定的一半"，

不联结于"不稳定的另一半"。

· 11 ·

情不自主，行可自主。

· 12 ·

见一切皆空，是佛家般若。
见可有可无，是金刚般若。

· 13 ·

强中之强金刚照：
情来则生死不变，
情变则可有可无。

一、长大容易长成难

（A）尚乳主义

· 1 ·

哺乳类动物的进化，始于乳房。[4]

· 2 ·

身心健康者不讳言、不回避、不拒绝乳房。

·3·

《圣经》各卷当中,我最欣赏《雅歌》:

"所罗门的歌,是歌中的雅歌。"(1:1)

"我所爱的,你何其美好……你的身量,好像棕树……我要上这棕树,抓住枝子,愿你的两乳,好像葡萄累累下垂……"(7:6-8)

·4·

请勿尊重别人而不尊重别人的乳房。

·5·

尚乳主义认为,纵有乳房可疑,总有乳房不可疑。

抓紧尚乳主义可以降伏怀疑主义。[5]

·6·

"怀疑主义婴儿"怀疑奶汁有毒,拒绝乳房,拒绝进食。

怀疑主义婴儿早已绝种。

·7·

信任是婴儿的本能。怀疑是少年的初醒。或信或疑凭独立思考——凭批判思考——是心智成熟的首要条件。终生狐疑等于变态婴儿。

(B) 从婴儿到成人

·1·

永不知错则永不长进,永不长进则永不长成。

· 2 ·

凡婴儿皆自我中心，此所以只是婴儿。

· 3 ·

自我中心者，主观闭塞，不客观如实，不会从别人的观点看。哪个婴儿会从爸爸妈妈的观点看世界？

· 4 ·

自我中心必幼稚，自我中心必自私。

· 5 ·

婴儿饿了就哭，以为哭就是变出食物的魔法；见到所欲就抢，以为自己与妈妈之间的关系就是抢与被抢的关系。

婴儿不知义为何物。

· 6 ·

在长大的过程中，越能减轻自我中心，就越能长大成人。

永远不减自我中心，就是长大了也成不了人。

（C）从成年娃娃到心灵圆熟

· 1 ·

永远的婴儿，只爱吃喝玩乐，拒绝读书、拒绝工作……少年如此是有待成长，成年如此是逃避成人。

·2·

"人人都很疼**我**的，**我**就是喜欢永不长大成人嘛！"

评：！

·3·

"**我**要活出彩虹，**我**喜欢温馨的感觉，**我**不喜欢理性，**我**不喜欢思考！**我**不要听！**我**不要听……"

评：！

·4·

"**我**爱任性，**我**爱被宠坏，**我**身边的人都很爱惜**我**的，都很容忍**我**的任性的……"

评：！

·5·

长大容易长成难。

谁家有女初长成？稀有难得。

谁家有子初长成？稀有难得。

·6·

没有人是百分之百表里如一的；以为有，是幼稚。

·7·

心灵成熟的特征就是生命真实、精神强悍（或精神强韧）。[6]

心灵圆熟的特征就是生命真实、重义、精神强悍（或精神强韧）。

金刚照＝心灵圆熟。

· 8 ·

在金刚照的底子上观照羊群泡沫，观照人情世态，观照人生五味，俱可了了分明——

二、羊群泡沫屑

认为 2＞3，认为氰化钠无毒……凡此种种看法，都是错误的，会令人碰钉。

"没有客观对错，只有观点角度。"这种相对主义（见"运思篇"）拙作称之为**弱者逻辑**，是理屈词穷者最爱倚赖的遮羞布。

弱者逻辑属于思想层面，在性格层面上与之相应的是某种类型的泡沫屑。

（A）人云亦云随波逐流

· 1 ·

强者独立思考，截断众流；弱者人云亦云，随波逐流。

· 2 ·

要精通数种语言，已经难乎其难，要精通数十种语言，其难度概不下于耶稣（据称）在水面上行走。

有些学者（据称）精通数十种冷僻的语言，只是不知道谁真的知道他们真的"精通"（比如说）五十种冷僻的语言呢？

· 3 ·

对这类学者深表拜服的人当中，有多少个不是人云亦云、一犬吠形百犬吠声的呢？

· 4 ·

我的曾曾曾祖父精通一百种语言，其中九十九种除他以外没有人懂，如此学问，不亦大乎？

· 5 ·

自称能够令人"成长生命"、"增强自信"、"成功事业"、"改善人际关系"……之类的课程和学习营，有多少是真有实效的？其主持人有哪些是真有实学的？这些问题有哪些是交费者会认真思考一下的？

· 6 ·

随波逐流流入"生命成长营"而染上了"生命课程瘾"的人，每多自卑、内向、怯弱、神经质、心事多而脑筋乱、思想复杂而思路纠缠。他们不断需要参加一个又一个这类的课程，这成为了他们的一种强迫性行为，像吸毒。

那些课程内容空废也不要紧，他们仍会觉得充实，因为"交费上课"此事本身正好能够暂时纾缓其空虚焦虑。这就是此等课程的价值所在了。

· 7 ·

此等课程与顾客之间的关系，犹如江湖补习社与顾客之间的关系，亦如贩卖命理的江湖郎中与顾客之间的关系，都是"一个愿打，一个愿挨"的关系。

泡沫孱愿挨，不打白不打，江湖规矩也。

· 8 ·

油嘴滑舌的第一要件，就是回避思方。

江湖卖药的第一要件，就是油嘴滑舌。

· 9 ·

江湖油嘴滑舌，恰似（且称之为）**浮辞签筒**：

首先制备一批签状纸条，每条都写上一个时髦热词或口号套语或流行滥调，放入一个签筒里，然后像摇骰子那样随机猛摇，签条摇了出来后，依序排好，即可成为泡沫言辞的一篇草稿，再稍加标点连贯、增删润饰，这就可以生产出一篇"浮辞大作"的了。[7]

· 10 ·

江湖卖药的最终要务是自封大师。

自封大师走江湖，常说"我常说……"。

卒小口气大，小卒也。

(B) 口号思维流行滥调

· 1 ·

泡沫屡惯于自欺，脑袋里的全副装备只是一堆虚浮空洞的潮流字眼，只是一堆温馨但虚假的流行滥调，只会口号思维。

· 2 ·

口号套语有精简语言、凝聚思想内容的重要作用，但使用时要格外小心，因为口号套语常有这样的性质：一句话原本没有道理，但用口号套语的方式说出时，就仿佛变成了有道理。[8]

· 3 ·

流行套语时髦滥调每多像婴儿呕吐。

· 4 ·

"人生每一刻都要奋发，每一刻都要全力以赴。"
神经乎？自虐乎？

· 5 ·

意外发生前，遇难者不会意料到自己会遭逢意外。以为自己必无意外临头，是愚昧幼稚。对于"死亡随时可以突现眼前，死亡不久终必临到眼前，死是生的最大终极问题"这些道理视而不见的人，每多心不在焉，浑浑噩噩就过了一生。

但另一方面，也不可走向相反的极端去，矫枉过正：
"人生每一刻都是独一的，一去永不复回，明天再见时已经不是昨天分手前的那个时刻，所以应该时刻警觉——时刻警觉要珍惜每一时刻，时刻警觉到每次分手都是永别。"

诸如此类的论调，耳熟能详，近乎滥调，似乎很深刻很有道理，其实（"所以"之后的部分）并不真实：不真切、不实在、不健康。

"时刻警觉要珍惜每一时刻，时刻警觉到每次分手都是永别"，这样的心灵状态，太紧、太着意、太用力——"用力警觉"、"用力珍惜"，显得滑稽可笑，会令人过分内向，不能放松，不能放下，神经兮兮。

· 6 ·

"不要为明天而活，只应为今天而活，为当前这一刻而活，要心无杂念百分百纯粹地感受眼前的一刻。"

a·既要为明天而活（除非濒死），又要为今天而活。所谓"不要为明天而活，只应为今天而活"，根本不切实际。

b·"心无杂念百分百纯粹地感受眼前的一刻"，偶一为之可以，经常为之只会令人变呆（除非本来就呆）。

· 7 ·

"爱是无罪的。"

不能肯定这句话错，因为语意虚浮。

但可以断定这句话危险，因为容易用做似是而非的理由。

· 8 ·

"爱是无条件的。"

果真如此？一个人爱A而不爱B，岂非由于A具备某些性质条件而B不具备？谁会爱上幽门螺旋菌？谁会爱上H5N1病毒？

基于一定的条件而爱上一个人，基于爱而甘愿无条件为对方牺牲，这不等于"爱是无条件的"。

"起初可能由于（比如）对方的样貌而产生爱意，但一经真正爱上对方后，纵使最初引起爱意的样貌（纯属外在条件）改变了，譬如因为年华老去而改变，真爱还是不会因而改变的。

此之谓：外件转形上。"（《哲道行者》，338页）

如此"外件转形上"，实例不少。反之，"爱是无条件的"这种高调，既说不通，亦行不通。

·9·

"爱不需要回报。"

说得动听，但要注意：

a·不求回报不等于不需要回报（比如：父母年迈）。

b·即使不需要别人回报，也不等于不需要回报别人。

c·危时舍己，这已经是最后时刻最高贵的不需要回报了，但最后时刻并不等于全部时间，不等于"在生前的全部时间中都不需要回报"。

d·并非只有物质回报才是回报。

·10·

"爱不需要说对不起，爱不需要说谢谢。"

自我中心的借口，

自私任性的借口，

不会感恩的借口，

爱情崩溃的缺口。

·11·

"爱中绝对不可区分你我。怕依赖对方,怕成为对方的负累,这都是执著自我。"

又是自我中心的借口,自私任性的借口……

误导,危险,冠冕堂皇,似是而非。

·12·

参加比赛想赢,是正常的。

输了也早有心理准备,是明智的。

无论输赢都真心觉得参与本身已值得珍惜,是可贵的。

"不在乎输赢,只在乎参与",往往并不老实。

·13·

"根本不参与任何竞争才是真智慧!"

不亦不切实际乎?

三、有情无情浮世绘

·1·

据《易经》,一阴一阳之谓道;

依拙见,一阴一阳制之谓糟。

·2·

一阴一阳制，糟；非一阴一阳制，亦糟。

人是一种尴尬的混合体——禽兽与天使的混合体。

·3·

雄狮与雌虎不能相处，因为狮虎异心。

雄虎与雌虎不能相处，因为一山不能藏二虎。

·4·

人间一切自取苦，追根溯源，无不来自求占有而无餍足、求荣名而无餍足。

人间一切自造恨，追根溯源，无不来自自取苦。

·5·

甲爱乙，并为此而鄙视自己。

情孽凄厉，莫过于此。

·6·

藤筱结，结越紧，时越久，即使解开了也难以回复原状；感情缠结亦然。

机器摩擦越大越多，磨损也就越大越多，难以回复原状；感情折磨亦然。

·7·

聚多伤情，时间疗伤。

· 8 ·

心思过敏比皮肤过敏更难医治,人人避之则吉。

情绪失禁比大小便失禁更难清理,人人避之则吉。[9]

· 9 ·

盛气凌人者没有真朋友,即使有也不会长久;长久受气会折寿。

· 10 ·

真成功者虚怀若谷,凝敛如夜。

· 11 ·

相对而言,世事有常有无常。

意外失一目,是无常。

从此缺一目,是有常。

(A) 见无常

· 1 ·

常常,爱令心痴,痴令脑愚,愚讨人厌。

常常,爱的热度与被珍惜度成反比。

常常,情到浓时情转薄。

· 2 ·

情变比政变严重,恋爱中人感觉如此。

· 3 ·

情变四因：

一因真相大白——因误会而相合，因了解而分开。

二因人望高处——遇上较佳的对象。

三因水向低流——不同步，不长进，每况愈下。

四因日久生厌——（无须解说）

· 4 ·

情变生恨，自我中心而已。

· 5 ·

（1）**真相大白**——大家的思想性情本来就不配合，只是误以为相合，到看清了实况就分开；由自己抢先提出分手就是尊重事实，由对方抢先提出就心里怀恨，这不外是虚荣心作祟，过得自己过不得别人，无非自我中心。

（2）**人望高处**——自己遇上较佳对象而离开，就有诸般理由；对方遇上较佳对象而离开，自己就心里怀恨；这又是过得自己过不得别人，无非自我中心。

（3）**水向低流**——对方不同步、不长进，甚至每况愈下，自己因而离开就理直气壮；自己不同步、不长进，甚至每况愈下，对方因而离开，自己就心里怀恨；这又是过得自己过不得别人，无非自我中心。

（4）**日久生厌**——自己因日久生厌而离开，就叫做人之常情；对方因日久生厌而离开，自己就心里怀恨；这依然是过得自己过不得别人，无非自我中心。

· 6 ·

一切爱情问题均与"一一对应"的难度有关。

· 7 ·

在墓穴里，两尊石俑互相指责对方才是始作俑者，可谓"恨入永恒"。

（B）偶有常

· 1 ·

情变之所以令人绝望，是因为别的人生路径已经不能设想。
情变之所以令人虚无，是因为人生意义的预设从根被推翻。

· 2 ·

"我对你的爱永恒不变。"
纵使说时真心，能实现者恐怕千中无一。
但说时真心就已经是可贵的了。

· 3 ·

利用"说时真心就已经是可贵的了"这个道理者，可耻。

· 4 ·

在网上看到这句流行歌词：

"那一天的心中一丝冲动说爱你不变
是真心的一刻心中未算欺骗……"
文艺腔，两岸 feel：《轻抚你的脸》。

· 5 ·

"那一天的心中一丝冲动说爱你不变
是真心的一刻心中未算欺骗……"
放任这样的"冲动说……"，便是欺骗。

· 6 ·

听到对方说"我对你的爱永不改变"时，人们常会感到高兴，其实可能是过早高兴。

设 100 分为爱的满分，A 对 B 的爱有 5 分，而且永不增减，在此情况下，当 A 对 B 说"我对你的爱永不改变"时，其言为真。

· 7 ·

听到对方说"我爱你永不改变"时，人们常会感到高兴，其实可能是过早高兴。

对方可能不是说："我爱你"永不改变；而只是说：我爱"你永不改变"。

· 8 ·

宗教含有超现世或指向来世的一面。当所爱者是一个不可能与之相处的人时，情爱教徒可托于神秘乐观。

· 9 ·

人与人之间，一旦能说的都已说了，能做的都已做了，能给的都已给了，若还是相处不来，甚至越来越差，那就不要幻想改善。

· 10 ·

幻想破镜重圆，是浪费。
不能面对人心多变，是稚弱。
不信世有金刚不变之心，是少见多怪。

· 11 ·

心不变，心情可变。

· 12 ·

发现分离只有惋惜而没有伤痛的时候，
就是发现爱的心情忽然逝去了的时候。

· 13 ·

情爱教徒肯定：情最可贵。智者知道：情最难能。情爱教徒中的智者，叹息"情最可贵但最难能"，坚持"情最难能但最可贵"。

· 14 ·

独来独往的情爱教徒，精神尊贵，灵魂深不可测。

（C）由情到义

·1·

跳楼要顾及路人。

·2·

有情须有义，无义者无情。

·3·

为富不仁，不义而蠢；位高不德，不义而蠢。

俗世之路：发财→行善→扬名，掌权→建功→留名。

为富不仁，位高不德，所行与目标冲突，所为损害所求，岂不蠢哉。

·4·

一样米养百样人，有的人没有米了才叫山穷水尽，有的人不够钱游山玩水就叫山穷水尽。

·5·

求人不求己，严于责人宽于责己，甚至永不责己，如此人生，容易山穷水尽。

·6·

怀着"朋友有通财之义"的念头来借出的人，重义。

利用"朋友有通财之义"的念头去借入的人，不义。

· 7 ·

助长不义，不义。

· 8 ·

热遇冷，不改其热，可谓多情难得。
热遇冷，调校成冷，可算无负于义。

· 9 ·

男性精神强悍，做女性的保护者，是义，是天职。
女性精神强韧，做孩子的保护者，是爱，是伟大。
以为这是性别歧视，是有问题。

四、酸甜苦辣咸

发育阶段有三种觉醒：其一是胃的觉醒，其二是情的觉醒，其三是介乎两者之间的桥梁，那就是性的觉醒。

胃酸过多要吃药，胃酸变辣是神迹，爱情甜，离情苦，按粤语说则性属于咸。

所谓五味人生，人生五味，酸甜苦辣咸也。

（A）酸

· 1 ·

酸液可以毁容，令容貌丑陋。

养心篇

酸妒可以毁心，令心灵丑陋。

· 2 ·

耶和华说："除我以外，你不可有别的神。"
人说："除我以外，你不可有别的人。"

· 3 ·

在任何人都可以"随意发表随意吐"的世代中，酸沫旋生旋灭。

· 4 ·

妒忌超班对象，是超级笑剧。

· 5 ·

酸性歇斯底里，想得到对方更多的爱，结果适得其反。
魔性歇斯底里，纵使知道这个道理，结果也依然如故。

· 6 ·

魔中之魔，就是心魔。心魔中的心魔，叫做**"无底心魔"**：其酸妒深无底，其虚荣之念深无底，其变态深无底，其自以为是深无底。合四归一：其我念深重无底。

· 7 ·

任何人或神或佛对无底心魔说"你是无底心魔"时，无底心魔就会说"你是无底心魔"，如同精神科医生对某种病人说"你有精神病"时，那种病人就会说"你有精神病"。

· 8 ·

由于所嫉妒的人死了而觉得舒畅解脱，这是一般的魔性。

由于所爱的人死了，嫉妒随之烟消，一拍两散，反而觉得舒畅解脱，这是最深重的魔性。

· 9 ·

来自情的嫉妒，因嫉妒而无情。斯即寡情。

· 10 ·

以为自己被爱情毁灭的人，有多少个不是被无底心魔毁灭的？

以为自己被爱情毁灭的人，往往只是被自以为的爱情毁灭。

· 11 ·

心魔不能代诛，心魔只能自诛。

唯一能够溶解掉无底心魔的，就是爱。

(B) 甜

· 1 ·

对人喜怒无常者，不放别人在眼内，只放自己在心内。

反复多变，忽冷忽热，一口砂糖一口屎，臭甜。

· 2 ·

"携手漫步彩虹上"，假浪漫，棉花糖，虚甜。

养心篇

·3·

回味如烟往事,不论甜与不甜,都甜。[10]

·4·

西湖秋,秦淮夜,前生隔世总关情,涩中带甜。

·5·

任何时候遇到任何行业中的善者,都应心存感激,以甜报甜。

·6·

天地、先人、先哲、社会、众行业、父母、师长、亲朋、所爱……皆于己有恩。[11]

报恩者成人,知恩者知甜。

·7·

先甜后苦苦,
先苦后甜甜。

(C) 苦

·1·

欲望与能力不相称。

·2·

找错伴侣,苦死。

找错敌人，即死。

· 3 ·

苦有三因：一因运遇差，二因头脑愚，三因性格丑劣。

运遇差要负的责任最小，头脑愚要负的责任较大，性格丑劣要负的责任最大。[12]

· 4 ·

采取明显不能达到目的的手段企图达到目的，脑愚也。

一再一再硬取明显不能达到目的的手段企图达到目的，脑愚性格劣也。

· 5 ·

越讲述自己如何伟大，越会感动于自以为的伟大。

越描述自己如何苦，越会认为自己苦。

越认为自己苦，越觉得苦。

· 6 ·

自我中心，心无别人，自怜自苦可以上瘾。

· 7 ·

苦，令性情厚的人体验增厚，令性情薄的人变得邪恶。

· 8 ·

动物分合，直截了当，绝不含怨。

与虎狼相处，或然艰苦；与怨者相处，必然痛苦。

· 9 ·

虚荣狂不能抵受平淡，

工作狂不能忍受闲适，

自虐狂不能承受安乐。

三狂之因，在深层焦虑；

三狂之果，在苦。

· 10 ·

苦顽石

发生了的事情就是事实，事实比最硬的金刚钻还要硬。[13] 人间苦命种，没有时间去理会生存的意义，没有时间去想想自己在世上还剩多少时间，只顾天天用头硬撼昨天的事实，长期操练，日久有功，功成石成——苦命种终于变成了一块世间罕见的苦顽石。

· 11 ·

前无去路，后有回忆，人生基设崩溃：

情越深，变越苦。

（D）辣

· 1 ·

视而不见、无动于衷，往往非呆即辣。

·2·

在非战状况下阴险不义,辣得可鄙。

一刀了结而无负于义,辣得可畏。

·3·

以自杀作为报复手段而报复的对象根本不在乎,人间滑稽莫过于此。

以自杀作为报复手段而报复的对象为此伤痛欲绝,人间邪辣莫过于此。

·4·

又会得令人爱,又会得令人哭,一只色香味俱全的超劲小辣椒。

·5·

甜以甜应。

辣以辣应,辣以麻木应,辣以不定应,辣以不应应。

·6·

情至深者可以至辣,当那是唯一选择。

·7·

至辣无恨。

·8·

割断过去,永不回顾,情灭、恩尽、义绝,直到永远;辣之

养心篇

·9·

无论割断什么，都有可能是一种解脱。

（E）咸

·1·

无论割断什么，都有可能是一种解脱？

·2·

年年总有许多朋友和学生来拜年，很多都会挤到我的书房里看书，发现逻辑数理佛经耶经等书内夹着从报章杂志上剪下来的艳照时，常会问我为什么要夹在那些书里。

答案是：一来杀闷，二来可做书签。

·3·

从网上看到这个论调：

"今日香港的文化，除了杂志裸女封面的'肉'以外，尚有高雅的芭蕾舞团所演的《天鹅湖》和《胡桃夹子》等。前者是满足六百余万低级港人的肉欲文化，后者是献与崇高人类的阳春白雪。"

经过一番"金刚反照"之后，我仍然分辨不出自己究竟属于崇高人类还是低级港人，但起码我对自己有了这样的了解：

用一小时来观赏早已看过多次的高雅芭蕾舞剧，或所愿也；

用一小时来观赏一百款款款不同的高档裸女封面，更所愿也；

用一小时来观赏由高档裸女演出的高雅芭蕾舞剧，最所愿也。

·4·

花一小时去"观赏"故弄玄虚不知所谓的所谓后现代剧，即使事后让我免费观赏由高档裸女演出的高雅芭蕾舞剧作为赔偿，也绝不愿也。

·5·

美术是人类的杰作，美景是上帝的杰作，美女是魔鬼的杰作。欣赏杰作，谁曰不宜？

·6·

小点甜，主菜咸，正合健康之道。

·7·

吹风流不入流，炫耀性有问题。

·8·

草原观峰，
可令人想到胸襟。
崖岸观海，
可扩大人的胸襟。
沙滩观人，
襟可从略。

*****

本书是《破悯》、《从思考到思考之上》和《杀闷思维》这套"思旅三书"的最后一部,而"思旅三书"则是"哲道十四阕"的其中三阕。

"哲道十四阕"的第一阕叫做《天经》,《智剑与天琴》=《天经》结幕。

兹取用《智剑与天琴》草稿一句,作为本节"酸甜苦辣咸"的结句,同时作为本书《杀闷思维》的座右铭,并亦作为"思旅三书"乃至"哲道十四阕"的总座右铭,那就是:

见当地为小,见国际为小,
见当世为小,甚至见历史为小,
只见天地为大,
此之谓胸无上大。

第II部　浪　漫　禅

> 在宇宙大化中浪游
> 在时间长河中流转
> 历劫多生，依旧
> 挥落满身花雨
> 潇洒归来
> 见你[14]

小引：脱中之脱

·1·

被人挂上十字架不浪漫，
自己走上十字架才浪漫。

·2·

浪漫禅的精髓在于潇洒超脱——浪漫须脱。

·3·

《哲道行者》："放下自己，悲悯众生，不去追求个人的解脱，这样你就解脱了。"

如此解脱，乃大解脱，可谓"脱中之脱"。

达此境者可以心如虚空。

· 4 ·

悲而悯人，哀而奉天，
情深而义重，心痛而不伤；
心痛不伤便莫之能伤。

· 5 ·

心恨无物能伤所爱者的心，这样的人其实并无所爱者。

· 6 ·

深情者痛所爱者之所痛，
心如虚空者无物能伤。

一、真假浪漫

· 1 ·

"我想把星月摘给你，为你做一顶嵌满星星的皇冠，再配上一副月亮做的耳环，这样，才配得上你美丽的容颜。"

文艺腔，假浪漫，肉麻不肉麻？

· 2 ·

"我爱你从见到你的上个世纪，我爱你直到我离去的那个世纪，我不会说永远，但爱你的期限总是比永远多一天！"

文艺腔，假浪漫，肉麻不肉麻？

· 3 ·

"世间本无沙漠，我每想你一次，上帝就落下一粒沙，从此便有了撒哈拉！世界本来没有海，只因为我每想你一次，上帝就掉下一滴眼泪，于是就有了太平洋。"

文艺腔，假浪漫，肉麻不肉麻？

· 4 ·

"我把思念的歌唱给海洋听，海洋把这心愿交给了天空，天空又托付流云，化作小雨轻轻地飘落在你窗前，你可知道最近天气为何多变化吗？全都是因为我在想你！"

文艺腔，假浪漫，肉麻不肉麻？

· 5 ·

银幕上，背对背说话，拖慢，声调感性："如果……"

观后感：

如果……我写影评……我会……只写一个……表声符："Er……（呕）"

· 6 ·

一出戏从头到尾只有肉麻文艺腔，只有浮浅滥调、夸张激动、虚假煽情……导演还以为那就是"剧力万钧"；几乎每个动作都拖慢来做（例如，缓慢移位，直至背对背说话），几乎每句话都拖慢来吐（例如，缓慢地逐字吐出，缓慢地逐句停顿，或1/2或1/3句……停顿），而导演还真的被自己的"杰作"感动到不得了。

观后感：

感慨万千。

· 7 ·

在介绍旅游的电视节目中，连"街尾有一个水龙头"之类的一句寻常话，旁述者也要说得充满感情——满到泄——试猜猜这是哪个地方的电视节目？

· 8 ·

越先进越会觉得肉麻文艺腔滑稽，老土。

· 9 ·

（顺笔一提）

台湾文艺腔，虚假造作。

大陆文艺腔，认真造作。

文艺腔是两岸的共通语言，是统一的基础。

· 10 ·

（顺笔一提）

港地不兴文艺腔，视之为笑料。

港地有不少人以为在公众地方声震上苍旁若无人粗鄙放肆就叫做豪放浪漫。

· 11 ·

（附笔一提）

肉麻文艺腔那种虚假、夸张、矫情、造作……与某类传道人那种声嘶力竭、七情上脸、如醉如痴、发疯发狂的"癫鸡式讲道"相比起来，只是小巫见大巫而已。

· 12 ·

一般流行爱情小说所营造的浪漫气氛、浪漫情调、浪漫文艺腔……全非浪漫的本质。浪漫的本质（浪漫禅）是一种存在的境界，属于心灵层面，其内涵在于超脱拔俗，潇洒而重情。

其所超脱的主要是什么？通过"脱物羁累"、"脱俗套累"、"脱身名累"三个阶段即可逐步显明——

二、脱物羁累

· 1 ·

金钱和权力能把许多人当做物件那样支配。对物的贪欲（广义）可包括财物欲和权力欲。

物不可无，但贪得无厌到头来却会成为负累——变成羁勒／羁绊／羁缚／羁缠／羁锁（且称之为"物羁"），把贪者禁锢在内，成为羁囚。

浪漫禅的初段境界，就是摆脱对物贪得无厌，超脱物羁的负累。

· 2 ·

很多人青春年少时也曾浪漫过，然后随着年岁渐长变得越来越庸俗，正经书不读，唯无聊刊物追读，忙则营营役役，闲则八卦琐碎，活得乏味，死得空虚，平日照镜也该会发觉镜像变得面目可憎。

·3·

所谓"不爱江山爱美人",既重情又洒脱,果真如此,则是浪漫。

反之,"商人重利轻别离",白居易这句诗中的商人,寡情、黏滞于钱财物质,不浪漫。

·4·

"脑满肠肥"不及"人比黄花瘦"有浪漫意味,后者物质性轻。

腰缠万贯唯利是图,不及两袖清风不改其乐有浪漫意味,后者物质性轻。

豪华旅游不及流浪旅行有浪漫意味,后者物质性轻。

酒店烛光晚餐,不及郊外篝火旁野餐有浪漫意味,后者物质性轻。

·5·

一同去商店看钻石,比不上一同去沙滩看星星那么浪漫。

有闲阶级每晚无聊看星星,比不上工人阶级忙里偷闲看星星那么浪漫。

情人节送大额支票,比不上送玫瑰花那么浪漫。

暴发户用货车运载一千枝玫瑰赠人,比不上穷小子亲手送上一枝玫瑰那么浪漫。

即使穷得连一枝玫瑰都没钱买也不要紧,诗的物质性更少,短诗尤其如此。送一首诗可能比送一枝玫瑰更浪漫。

(当然,买了钻石再到沙滩看星吟诗也可以非常浪漫。)

· 6 ·

送一块金砖比不上送一枚金戒指浪漫，送一枚金戒指又往往比不上送一枚"非金戒指"浪漫。

（譬如在衣袋里藏两枚"非金戒指"，左边口袋一枚，右边口袋一枚，视乎情况再决定送哪一枚。要是在花前月下的幽暗环境中，发现对方含情脉脉，带着梦幻般的眼神望过来，那就不妨拿出左边口袋里的不锈钢戒指送给对方。在这样的情境下，只要是戒指，就已经很浪漫了。但如果发现对方目光凌厉，眼神老练，那就要拿出右边口袋里的假钻石戒指了。或问："这怎么行,对方的眼神那么老练,必定曾经沧海，送一枚假钻石戒指怎么可能蒙混过关呢？"但别忘了刚才所说的情况，在那种花前月下情调浪漫的幽暗环境中，无论多老练，也不容易发现——甚或不会想到——那"钻石戒指"原来是假的。）[15]

· 7 ·

歌手在幽暗的小餐馆里弹琴卖唱；夜已深，客已稀，歌手还是全情投入，自得其乐，相当浪漫。

到有一天成名了，在彩光乱闪、人头汹涌、众声喧哗的场馆里表演，那就难再浪漫了。

· 8 ·

大体而言，苏格拉底比哲学学者浪漫得多，孔孟老庄比儒道学究浪漫得多,释迦牟尼比佛学专家和佛教联合会会长之类浪漫得多，耶稣比教皇主教牧师神学家电视传道人等浪漫得多。

· 9 ·

浪漫是一种精神气质，并不取决于外貌、名气、财富、权位。

幽默滑稽的智慧老人苏格拉底，身无长物，无权无位，被描绘为眼凸、鼻塌、走路姿态像水鸭，却远比众多仰慕他的雅典美男浪漫。苏格拉底活得浪漫，死得浪漫。

· 10 ·

大只佬，成则波澜壮阔，败则悲壮。

悲壮也可以是一种浪漫。

· 11 ·

高瘦理应妒忌大只。

身形高瘦，长度虽够，物质含量不够。

大只佬，物质含量多，可喜可贺。

· 12 ·

世俗重物质，轻精神，合乎物理。

浪漫重精神，轻物质，不合物理；

此所以浪漫。

· 13 ·

大只佬，即使浪漫也滑稽。[16]

三、脱俗套累

·1·

滑稽是一种浪漫——凄美的浪漫。

幽默是一种浪漫——颠覆的浪漫。

·2·

幽默颠覆愚俗。

·3·

俗世中的建制陋规，死板僵化；羊群习性，盲目跟风；东施效颦，矫揉造作……凡此种种，形成了重重圈套（且称之为"俗套"），成为负累，变成了囚禁精神的牢狱。

这种牢狱，在思想层面要靠独立思考来爆破，在心性层面当以浪漫禅行来超脱。

"脱俗套累"是浪漫禅的第二段境界。

（A） 洒脱 vs 造作

·1·

新人在婚礼中慢板前进，情人在微风细雨下依偎前行，前者勇气可嘉，后者浪漫。

但若刻意等待微风细雨来依偎前行，那就不见得浪漫了。[17]

· 2 ·

踩到牛屎本不浪漫，但手牵手一起踢牛屎，则可以变得浪漫。（预早约定某日某时手牵手一起踢牛屎，却容易变成矫情。）[18]

· 3 ·

第一对穿着盛装即兴在沙滩上互相追逐的人，率性，有浪漫意味。一旦人人都模仿这样做时，那就成了造作。[19]

· 4 ·

洒脱者率性，率性不等于任性。

任性见自我中心，自私自利。

率性见赤子之心，一片天机。

· 5 ·

哲学本该超越潮流，但现在却是在趋附潮流。

哲学本该在时代之前领先，但现在却是在时代之后跟风。

时兴伪专管理主义，扼杀浪漫，大家煞有介事地弄虚作假。伪专管理主义管理出一个没有浪漫的世代，哲学也就随之成为毫不浪漫的哲学，名存实亡。

· 6 ·

生命洒脱必轻视学院哲学／学究哲学／烦琐哲学，

生命洒脱必厌恶学混哲学。

·7·

诸事八卦者黏滞，事事着意，结果只会流于琐碎，错失真正重要的事。

自我中心者每多顽执，有些自我中心者甚至连别人爱吃什么、别人的电视机如何摆放……也要顺合其意，朋友避之则吉。

·8·

浪漫者洒脱：不顽执，不黏滞，如行云流水。

浪漫者超拔：不为正统所囿。

(B) 超拔 vs 迂板

·1·

不为正统所囿不一定要离经叛道——但也可能离经叛道：超离世俗的道统建制。

·2·

恋爱比婚姻浪漫，婚姻属于建制。

·3·

买一束玫瑰送给你，成了"建制指令"时，浪漫有限。

被指令买一束玫瑰送给你，令出即兴，浪漫得多。

·4·

买玫瑰送给情人不如偷玫瑰送给情人那么浪漫。

· 5 ·

手灵目锐地偷玫瑰送给情人，比不上老眼昏花笨手笨脚地偷那么浪漫。[20]

· 6 ·

从观念上说，哲学教授不如哲人浪漫，诗学教授不如诗人浪漫。

从观感上说，警察、法官、首长等人的行业不如刺客、骗子、赌徒等人的行业浪漫。[21]

个中分别主要在于与建制的距离。

· 7 ·

建制不可无，但常趋迂板——迂腐呆板，与浪漫精神背道而驰。

· 8 ·

温馨是一种幸福，但不等于浪漫。

荆轲刺秦皇，风萧萧兮易水寒，壮士一去兮不复还。千古浪漫。

· 9 ·

古婆罗门传统所讲的阿修罗，是一种被视为偏离正道的战神。此处所讲的（且名之为）**浪漫修罗**，是一种被视为离经叛道的浪漫人。

世间鄙俗之辈，或矫情、或滥情、或寡情、或喜爱煽情而压抑甚至打击率性真情。浪漫修罗以情为宗，结果被目为离经叛道。

世间鄙俗之辈，重物欲而轻精神，眼界浅窄，琐碎无聊，墨守成规，人云亦云。浪漫修罗精神超拔，打破陋规，不随波逐流，结果被目为离经叛道。

· 10 ·

法律不妥仍奉公守法，道德规条悖理仍奉为天经地义，世俗之人通常如此。

法律不妥则权宜从事，道德规条悖理则因事制宜，浪漫修罗倾向如此。

· 11 ·

在愚众眼中，宗教祸尤和政治魔头虽伤天害理、使万千人众家破人亡，仍不视之为丑闻；男女私情两相情愿干卿底事，却往往视之为丑闻。

· 12 ·

政客、官僚、校长、教师、纪律部队、神职人员等，基本属于板起面孔一本正经的行业。科学家、思想家、文学家、艺术家等，基本属于需求天才打破成见的行业。群众可能在潜意识里敬畏／憎恶前者，因而对他们特别苛求，一有丑闻就穷追猛打。群众可能在心底里喜欢／倾慕后者，因而对他们格外宽容，纵有丑闻也不改爱戴，甚至传为美谈。

· 13 ·

板起面孔一本正经的行业，必须循规蹈矩，一板一眼。需求天才打破成见的行业，必须超拔，挥脱迂板。

·14·

挥脱迂板不等于惯性反叛，更不等于惯性机械反叛。

惯性反叛乃至惯性机械反叛，恰恰正是迂板。

发育阶段常见的那种惯性反叛，口号政客优为的那种惯性机械反叛，为反而反，不过是一种肤浅幼稚、呆蠢定型的公式化反叛而已。

·15·

艺术的最高境界虽不等于思考的最高境界，但两者相通，俱含浪漫元素，天马行空不可羁勒。

·16·

买保险旨在保障，探险旨在超越。

买保险保险，探险浪漫。

买了保险去探险，既保险又浪漫。

·17·

绝顶高手必有绝顶优质的灵锐基因和浪漫细胞，出招无迹可寻。

四、脱身名累

·1·

"绝对无求"，言过其实。

· 2 ·

越超脱,越少求。
知足者随缘不贪。

· 3 ·

大智不贪名,
大慧不贪生。

· 4 ·

贪名目不清,不能见道。
贪生心不宁,不能合道。

· 5 ·

脱身名累,浪漫禅的最高境界也。

(A) 攀峰者

· 1 ·

真理高峰的攀登者,只顾脚踏实地专心一志,不会花费时间去理睬山下的无聊纷扰和酸语闲言,不会浪费精力在山下自擂自吹,不会虚耗生命在山下东奔西跑追逐一时的虚名⋯⋯

脚下抛离万丈红尘,真理高峰的攀登者不会自卑。头顶上是冥冥苍天,真理高峰的攀登者不会自大。

攀登真理高峰,只背负必要装备,不背负空虚、苦闷、焦虑。攀登真理高峰,过程中的每一步都是目的地。攀登真理高峰,纵使默默无闻也自有尊严，纵使孤单寂寞也满有乐趣……

·2·

浅者之"傲"，不外自卑而佯傲；浅者之"狂"，无非虚妄而发狂。

深者即使傲也不狂妄。

·3·

当一个人以不屈不挠的无比毅力登上万丈高峰，在踌躇满志、张臂拥抱无限风光时，他是一个伟大的征服者。

当他平静下来，极目乾坤，面对永恒之际，忽然五体投地深深跪拜，恩谢宇宙、恩谢上天、恩谢诸神，在这一刻，他的卑微比那征服者的伟大还要伟大。他不需要理会任何哲学潮流，也不需要理会任何宗教传销，他已经可以亲历任何哲学任何宗教所能指向的最高领悟和最深体会了。

·4·

人生过客，以为前方还有许多个景点，而其实已刚刚欣赏过最后一个景点，此事不足为奇。

人生旅途，究竟有多少个景点，无法预知。

·5·

安然行走人生的下坡路，关键在放——随缘不贪，能舍能忘。

· 6 ·

放——
放怀走人生路，
放心入无畏海。

（B）坎若泊荒崖的风声

· 1 ·

无畏海，阴界冥海也。放心入无畏海，唯大慧为能。

· 2 ·

克里米亚战争，俄国vs英法土耳其联合阵线，其中一次战斗是俄军vs"六百英兵加上土耳其七座碉堡驻军"之间的武装冲突，双方都伤亡惨重。事后，英国报章极度夸大英军的英勇和功绩，诗人丁尼生更作诗歌颂，"六百完人"的英雄故事就此传扬。至于土耳其军，则被矮化，被描绘成一支愚怯的弱兵，要负起联军遭受重大折损的责任。百载之后，经过历史学家深入考证，发现原来英方多次犯了严重的错误，而土耳其兵，则怀着伊斯兰信念，骁勇善战，拼死不屈，使英军避免了更大的伤亡。

这些穆斯林英魂虽被误解、被抹黑、被耻笑了一个世纪，但这一切仅仅属于虚名的范畴，丝毫无损于真实人生。只要没有辜负从宇宙分到的那一份，平凡但不平庸的一生就绝对不会逊于显赫一时的一生。

从纪录片的画面看到坎若泊的荒山，正是当年土耳其兵战死之地。该处的边缘是一片临海的悬崖。海面上，碧空万里，白云数朵，浪涛拍岸，几只海鸥往复回旋。悬崖上，荒凉的山头只有一些零散的乱石，衰草在呼啸而过的海风中摇曳，四顾无人。[22]我仿佛听见奥斯曼传统的土耳其英魂，在风中向他们的真主报告：

"伟大的安拉，我没有折辱您的圣名，没有辜负从宇宙分到的那一份，我已经站好了自己的岗位，做好了自己的工作，完成了自己的任务，我已经无愧于天而度过了一生。"

总结：心铭四句

· 1 ·

金刚照那种"精神强悍（或强韧）、重义、生命真实"的心灵素质，与浪漫禅那种"精神超拔、重情、生命洒脱"的存在境界相结合，最有利于过一个愉快而有意义的人生。

· 2 ·

生命真实者不自欺，不会自以为是而永不知错；生命洒脱者不贪婪，不会得寸进尺而永不知足。

· 3 ·

不知错＋不知足→不快乐。

· 4 ·

民智越开，越厌恶烦琐造作、故弄玄虚、伪装高深。

与其埋首于烦琐造作、故弄玄虚、伪装高深的书堆里追求解脱，与其神经兮兮东钻西钻参加这个那个"生命学习班"追求解脱……不如简简单单确实把握一小束真正受用的、胜过千言万语的、最值得铭刻于心的警句——且称之为"心铭"。

一、我也不是好东西

·1·

头脑好容易招忌，品性好不会招忌。

·2·

在群体中受欢迎，头脑好不是最重要的因素，品性好才是最重要的因素。

·3·

广受欢迎但一生坎坷，未之见也。

·4·

有情有义有礼，不自大不自卑不自私（且戏称之为：三有三不），这样的人，人人喜欢。

无情无义无礼，自大自卑自私（且戏称之为：三无三自），这样的人，人人厌恶。

·5·

人性清单：

人这个类包含了地球上最聪明／最愚蠢／最理性／最反智／最冷静／最狂热／最深情／最无情／最重义／最不义／最可爱／最可怕／最丑陋／最虚假／最自私／最残酷／最自大／最自卑／最记恨／最忘恩／最顽固／最善变／最轻信／最狐疑／最自满／最不知足／最虚荣／最善妒／最神经质／最欺善怕恶／最复杂麻烦／最自以为

是……的生物。

· 6 ·

"人性清单所列出的劣性，我都没有。"

自以为是。

· 7 ·

自以为是，认为自己不快乐都是别人造成的，这样认为，会助长自己不快乐。

· 8 ·

与情人或家人或朋友或同学或同事……相处出现问题时，会理性地看，客观地看，尤其包括从对方的立场来看，最后得到"我也不是好东西"的结论，若是如此，可喜可贺。

· 9 ·

"原来是自己有错，理该自食苦果。"这种醒觉很能消苦。

· 10 ·

由诿过于人转到真切自省，属于由痛苦转到解脱的过程。

· 11 ·

善用"我也不是好东西"这句心铭的人，智慧双全。

· 12 ·

人是最复杂麻烦的生物，有的人是最难相处的箭猪。

· 13 ·

在荒野中，在凄冷寂寞的夜里，两头箭猪相遇，剪除身上的箭刺吧。

二、不知足值不快乐

· 1 ·

喜欢快乐，是正常的。
不停追逐快乐，是病态的。
不快乐，容易引起癌症。
不贪快乐，能减少不快乐。

· 2 ·

事件实在，价值累积。
无此观念者盖难知足。

· 3 ·

上一刻才阳光满面，下一刻就阴霾密布，忽喜忽悲，永不知足，歇斯底里之象也。

· 4 ·

硬要把人生弄得艰难痛苦的，
通常是谁？是自己。
由于什么？由于不知足。

· 5 ·

"怎样算'足'？界线在哪里？怎样算是不知足？"
扪心自问吧，问人不如问己。

· 6 ·

"我很简单，如意便满足，不如意便不满足。我不快乐，只因为我的人生不如意。"
你的"意"，是一个无底洞。

· 7 ·

人生意义主要在质，而非在量。

· 8 ·

哪个小孩不爱吃糖？
吃第一粒糖，满足 1 整天。
吃第二粒糖，满足 1 小时。
吃第三粒糖，满足 1 分钟。

· 9 ·

"如果有一天，那令我朝思暮想的人跟我好起来，我就此生无憾了。"A对自己说。

有一天，那令A朝思暮想的人跟A好起来了，A就此生无憾了3个月。

"如果有一天，我得到那个学位（或职位），我就此生无憾了。"A对自己说。

有一天，A得到那个学位（或职位）了，他就此生无憾了2个月。

"如果有一天，我功成名遂，那就此生无憾了。"A对自己说。

有一天，A称得上功成名遂了，他就此生无憾了1个月。

3 + 2 + 1 = 6。

· 10 ·

功成名遂，在人类中如凤毛麟角。

A这片凤毛麟角，一生无憾了6个月，其他时间都在煎心熬魂之中度过。

· 11 ·

真心对自己说过"此生无憾，此外都是锦上添花"之后，就从此真心肯定自己已此生无憾，此外都是锦上添花，这样的人，此生无憾，而且往往锦上添花。

三、不快乐白不快乐

· 1 ·

快乐与否，自负盈亏。

· 2 ·

贪，一滴不能少，要到尽。
执，一丝不能放，死心眼。

· 3 ·

情伤每因稚弱，
惯性不快乐每藏自虐。

· 4 ·

工作通常有报酬，
学习常常有报酬，
追求有时有报酬；
不快乐白不快乐，
没有报酬。

· 5 ·

不吃白不吃，不坐白不坐，不玩白不玩，
不快乐白不快乐。

· 6 ·

富裕地区有大量成年人经常愁眉苦脸，与赤贫地区衣衫褴褛的小孩子拾到一个空汽水罐就欢天喜地的灿烂笑容对照一下，能不汗颜无地乎？
不快乐白不快乐。

· 7 ·

快乐可带出笑容，

笑容可带动快乐。

不快乐白不快乐。

· 8 ·

佛家所说的布施，包括财施（济以财物）、法施（讲述正法）、无畏施（使脱畏怖）。其实还有一种非常可贵的布施，利人同时利己，那就是（且名之为）**笑容施**。

不快乐白不快乐。

· 9 ·

人类在语言、思想、知识、智慧、艺术、衣食住行、医疗娱乐……各方面的成就（万千成就，一切成就），有多少是你我的贡献？

笑容施是对世界最起码的回馈，笑容施是对自己最起码的救赎。

不快乐白不快乐。

· 10 ·

朝花夕落，笑靥几何？逝水无声，岁月飞梭。

不快乐白不快乐。[23]

四、不快乐就不快乐

· 1 ·

不快乐的人，自取苦，其最自损的内核有二：
（1）脑方面自以为是，永不知错；
（2）心方面得寸进尺，永不知足。

· 2 ·

永不知错，永不知足，还有办法乐起来吗？
山穷水尽，没有办法乐起来了。
"不快乐就不快乐吧。"
这是没有办法中的"办法"。

· 3 ·

愉悦令心灵健康，痛苦令体会深刻。
"不快乐就不快乐吧。"
这是没有办法中的"办法"。

· 4 ·

长年累月不快乐，可减轻对尘世的眷恋，有助于安然迎接迟早必临的死亡。
"不快乐就不快乐吧。"
这是没有办法中的"办法"。

· 5 ·

最深的魔性隐藏着最深的妄执，自造地狱，自陷地狱。

"我不快乐就不快乐吧！"

这是无底心魔最后的解脱，如果还有可能解脱的话。

· 6 ·

心灵金刚没有大不了的烦恼，除非至爱者有消不了的烦恼。

一旦能说的都已说了，能做的都已做了，能给的都已给了，对方还是得寸进尺，还是终日不快乐，但的确是能说的都已说了，能做的都已做了，能给的都已给了，那么：

"你不快乐就不快乐吧！"

这是心灵金刚最后的解脱，如果他要自己解脱的话。

注 释

附注可留待读过正文之后才翻阅。

[1]"强悍"代以"强韧"亦可。

[2] 略含规约成分的展义句,而非纯粹描述。依此类推。

[3] 很久以前,看过一部叫做 Tana 的电影,描绘一个清丽绝俗、跳脱无邪的少女,如何一步一步变成了一个狠毒邪恶、眉目嘴角隐现狰狞的美妇,令人惊心动魄。这就是无常地狱了。

[4] 据亚里士多德,人类是理性动物。依拙见,人类是尚乳动物。(这两个定义并不互相排斥。亚里士多德的定义,可突显出人类的思考能力超越其他一切已知的物种;至于"拙定义",则可凸显出人类的艺术触觉超越其他一切已知的物种。)

　　通则:警句多略限定语。

　　通按:迂愚无幽默,可以不理。

[5] 犹如情爱教徒可凭着情爱宗教降伏怀疑主义;见《智剑与天琴》。

[6] 见注释 [1]。

[7] 只会堆砌"学术"时髦热词、"学术"口号套语、"学术"流行滥调的江湖学者,亦无异于浮辞签筒。

[8] 比方说,排队时有人插队,别人阻止,他就说:"所谓后发先至,后来居上嘛!"这个说法可以令人"窒"一下,因为这种属于或类似口号套语的说法仿佛本身就是理由。

又比如说,小孩惹恼了妈妈,妈妈要以藤条伺候,小孩边逃边喊:"不要打呀,不要打呀……"这种平庸的呼喊通常是没有什么效力的;但如果小孩说:"中国人不打中国人呀!中国人不打中国人呀!"妈妈很可能就会"窒"一下,愕然停手。此中分别,即系于口号套语容易令人觉得其本身就是理由。

养心篇　　　　　　　　　　　　　　　　　　　　　　　　　　103

按：拙CD及其他讲谈录音有部分由别人整理成文字登载于拙网站上，其中有少许（经讲者订正、确认）用于"哲道十四阕"之中，其字数估计不会多于迄今已成书的"哲道十四阕"总字数的1%。

[9]"如何比较？"——见"运思篇·滥索滥问"。

[10]"甜"字的头两次出现，指说往事，第三次出现则指说回味。

[11] 列举时，是否须要恪守所谓划分规则，按语境而定。

[12] 见注释[4]"通则"，下不复赘。

[13] 喻盲每多滥索滥问者。

[14] 游戏即兴之作（2006年2月14日在"李天命网上思考"中贴出），远比不上**娄大真人**（德先生）的下光诗：

　　回首蓬瀛路几千，

　　衣冠古处忆当年，

　　无端又写丹青笔，

　　再结人间不了缘。

[15] 见注释[8]"按语"。

[16] 见注释[4]"通按"，下不复赘。

[17] **浪漫无定规，无执无定行**。"浪漫"、"无执"等拙作所称的境界概念，通过行为述句来展义时，该等述句属指点语，一般并非全称。

[18] 同上注，下不复赘。

[19] 或变成了仪式。

[20] 只能绘迹，而其要在本；只能述事，而其要在人。参见注释[17]。

[21] 只是从观感上说是如此。实际上，刺客、骗子、赌徒等一般都是受物羁累的俗人。

[22] 不禁想起吕祖与济圣唱和之辞（语境待另文叙）——

吕大真人：

　　夫天地者，万物之逆旅；光阴者，百代之过客。

朗月当头，亦有阴暝之晦。
青天丽日，每见风雪如飞。
醉眼蓬莱，百花一时如锦。
红尘冷视，忽见草木萧萧。
问道始终，千古从何而起。
山河川岳，早立大地初开。
风月无边，转眼形骸如丐。
仰天长啸，岁岁不复去来。
莫问前尘，但见云飞风起。
低回无语，笑话世局如棋。

济颠禅师：

夫天地者，万物之逆旅；光阴者，百代之过客。
霎念浮生，处处人间劫火。
伤怀感慨，几许了悟玄机。
醉眼如花，枝枝占我翘楚。
扬眉转瞬，零落一伴春泥。
如幻如烟，梦露皆为泡影。
念观如是，端定正我如来。
清净禅心，仿似透窗竹影。
苔痕印就，何处立我形骸。
问道始终，谁解鸿蒙宇宙。
同歌今夕，纯阳笑我痴呆。

[23] 昨夜深宵（2006年4月11日凌晨）看电视，看过足球再看旅游节目介绍秦淮，即兴写了几句。

运思篇

脑壳忌变皮蛋壳
——"杀闷"思维

建立完美的思方系统是难的，
妙用完美的思方系统一样难，
瞎批完美的思方系统极容易，
批倒完美的思方系统不可能。

*

妙用系于熟用。

前言：思考游戏

· 1 ·

如何先取 90 分？

好好掌握基本语文（母语／最常用语）和基本通识（思方学及人生修养）。[1]

· 2 ·

如何从 90 分出发？

在天人学（宇宙人生观）的基础上好好掌握金刚照与浪漫禅。[2]

· 3 ·

100 分后又如何？

或思考，或不思考，或独自玩思考游戏，或到网上一起玩，或读书，或工作，或旅行，或休息，或谈情，或布施……行云流水，无黏无滞，从心所欲而不逾矩。

· 4 ·

大体而言，人与动物有三种追求是共通的——食、性、游戏。

游戏既可带来快乐（有自足价值），又可培养生存技能（有工具价值）。

动物游戏主要属于体能方面，唯独人类会玩思考游戏。

· 5 ·

思考游戏不但能够杀闷，而且有益于脑，一举两得，何乐不为？[3]

第Ⅰ部　玩批判

> It would be a very good thing if every trick could receive some short and obviously appropriate name, so that when a man used this or that particular trick, he could at once be reproved for it.
>
> —— *Schopenhauer*

引语：子矛子盾与善妙重复

· 1 ·

以运思为乐，以游戏心情玩批判。
系统架构作根基，个案分析长功力。
让要害关键再三重复，不厌其烦。

· 2 ·

电影武功着重花招，小说武功不是武功。
以追看武侠小说武侠电影的心态学武功，学不成武功。

· 3 ·

愚人学艺，发现所教的净是同一套功夫，只是要他一再一再一再进行实战实习，就抱怨所学的功夫"没有新意，重复又重复"，此所以正是愚人。

· 4 ·

至高无上的功夫必精简。

· 5 ·

以"**思方双刃**"（见下文）为利器，应用子矛子盾法（"以子之矛攻子之盾"的思辩方法，详见《哲道行者》），可妙用无穷。

一、洗 双 刃

思方学最基本的环节是语理分析，最受用的环节是语理分析和谬误剖析——语理分析和谬误剖析是思方学的两把批判利刃（一基二利）。

```
一基：语理分析
二利：语理分析 & 谬误剖析
```

(A) 语理分析

· 1 ·

厘清先于解答，意义先于真假。没有意义不知所云的"言论"，既非真，亦非假，而是没有真假可言，连"假"这个资格也谈不上。

· 2 ·

有害于确当思考的语言概念上的弊病，叫做**语害**。

三害架构 $\begin{cases} (1) \text{ 语意暧昧的语害} \\ (2) \text{ 言辞空废的语害} \\ (3) \text{ 概念滑转的语害} \end{cases}$

(1) 语意暧昧

意义不明、迷糊不清、以致容易引起误导或造成思想混乱的言辞，即属语意暧昧。

要分辨一个说法能否成立，首先必须知道那个说法是什么意思。如果连意思也不知道，那就无从判断该说法是否站得住脚。

· 1 ·

"敢爱敢恨"，什么意思？

· 2 ·

"但破时空，便悟禅境。"所谓"破时空"，究竟是什么意思呢？怎样算是"破了时空"？

按：

在某种精神状态中觉得石头对我说话 ≠ 石头对我说话。

在某种精神状态中觉得没有时空 ≠ 没有时空。

· 3 ·

"探问真理的问题，就会得出真理的答案。"[4]

批：

这个说法语意暧昧——何谓"真理的问题"、"真理的答案"？

同情地了解，所谓"真理的问题"是指"真理是什么"这个问题，而所谓"真理的答案"则是指"真确的答案"。但这么一来，上述说法就露出了信口开河的实质：为什么探问"真理是什么"这个问题就会得出真确的答案？当哲学考试出了"真理是什么"这个问题的时候，学生就会给出真确的答案吗？

· 4 ·

某部获奖小说有此一说："有没有有没有有，没有没有有没有没有"。[5]

问：有没有需要评之为"不知所云、矫揉造作、故弄玄虚、伪装高深"？

答：有没有有没有有，没有没有有没有没有。

· 5 ·

可以凭借"不知所云、矫揉造作、故弄玄虚、伪装高深"而见称，这是一种耐人寻味的（且称之为）**"浅文化现象"**。

在艾耶尔（1910—1989）、卡尔纳普（1891—1970）等分析哲学家看来，欧陆哲学家海德格尔（1889—1976）正是语意暧昧不知所云的典型：

"所要探究的只是存有而——没有其他（What is to be investigated is being only and——*nothing else*）；唯独是存有而进一步——没有（*nothing*）；单单是存有，而在存有之外——没有（*nothing*）。这个虚无（*this Nothing*）怎么样呢？……是不是这个虚无存在乃由于那个不（*the Not*），即那个否定（*the Negation*），存在（*exists*）呢？抑或相反？是不是否定和那个不（*the Not*）存在只是由于这个虚无存在？……我们断定：这个虚无是先于那个不以及那个否定的……

我们何处寻觅这个虚无？……焦虑呈现这个虚无……这个虚无自己在虚无着（*The Nothing itself nothings*）。"[6]

批：

能解释清楚海德格尔这堆文字是什么意思的人，有奖：

奖一个由虚无送出的香吻而——没有其他；唯独是由虚无送出的香吻而进一步——没有；单单是由虚无送出的香吻，而在由虚无送出的香吻之外——没有。

(2) 言辞空废

· 1 ·

"每个人，都是人。公平，是要自己争取的。"[7]

批：

正常成年人不用想也知道每个人都是人；想一下就会知道有的公平要自己争取，有的公平不用自己争取；想来想去恐怕也难以想得出"每个人都是人"和"公平是要自己争取的"有什么关系。

· 2 ·

足球旁述：

"只要有机会起脚射门，就有机会射得中。"

"只要射得中，就有机会射进龙门。"

"射十二码有两个可能：或者射得入，或者射不入。"

批：

空废。

· 3 ·

"如果把一种思想硬套在生活上，又或排斥其他一切而只拿着一种主义强加到生活里去，这样能否得到最好的效果呢？"

批：

既已在问题里设定了是"硬套"、"强加"，答案就不问而知，再问也不过是废问。[8]

(3) 概念滑转

· 1 ·

甲："'云想衣裳花想容'这句诗，既含有七个字，又含有六个字，所以同一律不成立。"

批：

"想"字在句中出现两次，若算两个字，则此诗句含有七个字；若算一个字，则此诗句含有六个字。甲在"含有 n 个字"的两个不同意思之间游移蒙混，犯了概念滑转这类语害之中的"概念混淆的语害"。

· 2 ·

"任何人都不可能在另一个人之先，任何人也不可能在另一个人之后，大家都在同一宇宙时空里，何来先后？"

批：

脱离了正常的"先、后"概念，滑转到歪曲了的"先、后"概念那里去，犯了概念滑转这类语害之中的"概念扭曲的语害"。

· 3 ·

"歧视"这个概念在英语中为"discriminate"。但要小心这个英文单词至少有两个不同的意思：(i) 区分，(ii) 歧视。把颜色分为红、黄、蓝、白、黑，把成绩分为 A、B、C、D、F，把人类分为男性和女性，把思想判断分为正确／非正确……凡此都是区分，也就是分类。分类本身无所谓歧视不歧视。"歧视／不歧视"就已经是一种分类、区分。由于 discriminate 既有"区分"又有"歧视"的意思，因此，即使英语使用者弄乱了这两个不同的意思而造成**概念混淆**，动不动就说是歧视，那还比较容易理解。反之，在中文里，"歧视"的意思明显不等于"区分"的意思，但有些人却把"歧视"歪曲到等同于"区分"，使得凡是有所区分就可以说成是歧视，造成**概念扭曲**，那就不容易理解了。

· 4 ·

"思考致富学是另类思方学。"

批：

概念扭曲。

另类思方学 = 不是思方学。

(B) 谬误剖析

思维方式上的错误，叫做**谬误**；知识性或资料性的错误，则为**讹误**。

四不架构 $\begin{cases} (1) \ 不一致的谬误 \\ (2) \ 不相干的谬误 \\ (3) \ 不充分的谬误 \\ (4) \ 不当预设的谬误 \end{cases}$

(1) 不一致

· 1 ·

无法超越的限度才叫极限，能被超越的就不叫做极限。据此，"将来可能超越现在的能力限度"这个说法虽非自相矛盾，"超越自身的能力极限"这种说法却可视为犯了不一致的谬误这个大类之中的**自相矛盾的谬误**。

· 2 ·

"中文不严谨，用中文写的东西靠不住。"

批：

这个用中文写的句子自打嘴巴，犯了不一致的谬误这个大类之中的**自我推翻的谬误**。[9]

(2) 不相干

· 1 ·

有些人（且称之为阿丙）每逢遭到确当批驳而无法招架时就说："以指指月，望指无月。"意谓自己没有被驳倒，因为对方就像看见别人用指指向月亮时,光看手指而不看月亮;然而阿丙根本不能说明对方所作的批驳如何"就像"只看手指而不看月亮。在此情况下,阿丙的自辩不外是诡辩而已,犯了不相干的谬误这个大类之中的**牵强比附的谬误**。

(如果阿丙那样的自辩也算有效的话,"以指指月,望指无月"就是一面万灵盾了——每逢被批驳得无法招架时就祭出"以指指月,望指无月"几个字——可惜这面"万灵盾"只不过是一面废盾,用思方剑一刺即穿。)

· 2 ·

"当宇宙没有人的时候,太阳就没有光,'圆的方'也没有矛盾,因为,连人都不存在了,何来有人认知太阳有光,何来有人认知'圆的方'有矛盾呢!"

批:

这种论调从"有光"转移到"知有光"、从"有矛盾"转移到"知有矛盾"的论点上去,犯了不相干的谬误这个大类之中的偷换论点**或偷换论题的谬误**。

· 3 ·

A:"你的讲法违反了思方学——犯了偷换论题的谬误。"

B:"但思方学不是万能的呀!"

批:

A只是指出B的讲法有谬误,违反了思方学,这显然不等于认为思方学是万能的,事实上天地间也没有任何学问是"万能的",可是B的回应却意味着A认为思方学是万能的,而他则要否定思方学是万能的。这样的回应，再一次违反了思方学——无的放矢，犯了**刺稻草人的谬误**。

(3) 不充分

·1·

"文化大革命"时期，平民在公园里摘一朵花，被抓到了也可以被判重刑，理由就是"危害国家安全"，因为："公园是劳动人民的劳动成果，劳动人民的劳动成果构成了国家经济的根本命脉，在公园偷花就是损害劳动人民的劳动成果，也就是伤害国家经济的根本命脉，因此正是：危害国家安全！"

批：

像这样无限上纲的恐怖思维方式，并非"文化大革命"特产。基督教残害异端时的欧洲、列宁斯大林时期的苏俄、希特勒时期的纳粹德国、麦卡锡主义横行时的美国……都有类似的思维方式冒头得势，受害者众。这种思维方式犯了不充分的谬误这个大类之中的**小题大做的谬误**。[10]

·2·

被控告烧国旗的人自辩："布有什么神圣？烧一块布有什么罪？"

批：

不论有关的法例是否妥善，被告所作的自辩（以修辞问句的形式所暗示的论证）犯了不充分的谬误这个大类之中的**避重就轻的谬误**——控罪是"非法烧国旗"，而不是"非法烧布"。

· 3 ·

从电视上看到，某类教徒发起"祈祷日"，其主持人把"罪案数目下降、失业率下降、经济复苏、沙士疫潮过去……"全都归功于他们的"集体祈祷"，略去其他宗教所作的同类活动，更要害的是，略去同期所有发生了的天灾人祸及其他一切负面的事情。

批：

如此"祝捷"，自说自话自邀功，有关思路犯了不充分的谬误这个大类之中的**片面引导的谬误**。[11]

(4) 不当预设

· 1 ·

"你又不是我，有什么资格批评我！"

批：

这个说法预设了"你"必须是"我"才有资格批评"我"，但这是不当预设。

· 2 ·

在网上看到这个问题：

"为什么反基督教的言论全都没有可靠的学术根据呢？"

批：

这个问题预设了反基督教的言论全都没有可靠的学术根据，然后就问"为什么"。根本没有论证过"反基督教的言论全都没有可靠的学术根据"就提出这个问题，那就犯了不当预设的谬误这个大类之中的**混合问题的谬误**。[12]

· 3 ·

A：耶稣是神。

B：凭什么这样断定？

A：因为耶稣能够复活。

B：凭什么这样断定？

A：因为耶稣是神。

批：

犯了不当预设的谬误这个大类之中的**循环论证的谬误**。

· 4 ·

仅仅由于被人用思方学批到片甲不留，就说：

"既然你这么崇拜思方学，我也无话可说，只好为你祈祷了！"

批：

这番话预设了[13]"（对方）应用思方学 →（对方）崇拜思方学"，但这是不当预设，犯了不当预设的谬误这个大类之中的（暂名之为）**捏言僭设的谬误**。其为谬误，恰似被人指出计错数时就说"既然你这么崇拜数学，我也无话可说，只好为你祈祷了"之为谬误一样。

· 5 ·

有的平凡人经常挂在口边："不要以为我有什么不平凡之处，我只是一个平凡人而已。"

批：

谁以为你不平凡？小心不当预设。

· 6 ·

（a）"求你忘记我吧！"

这种话以公开信的形式来说时，目标听众不限于对方，甚或根本不是对方。

（b）"求你忘记我吧！"

如果别人不能忘记，那就不会因为你求忘记便会把你忘记。

如果别人能够忘记，那么就算你不求别人忘记，别人也大有可能早已把你忘记。

（c）"求你忘记我吧！"

小心不当预设。

二、拍混饨

馄饨，在粤语中叫做"云吞"。思言胡混之人，不妨叫做"混饨"。

馄饨好吃，混饨好玩，拍混饨最好玩。

（A）文 混

言文失禁者、玩弄言文花招者，以下统称为"文混"。

言文花招出于故弄玄虚，言文失禁则由于不用脑或不会用脑。

（1）言文花招

· 1 ·

有谈禅讲佛者说："一千多年来，谈禅成缠，几乎都把禅学问化、实践化，岂知禅者，非学问即学问，非实践即实践，非知即知，非行即行，非心即心，非物即物。诸如学问、实践、知行、心物等等一切，都是无端自我缠绑、自我憋屈！"[14]

批：

依照这种"非X即X"的套式，以上那番禅话本身嘛，非造作禅即造作禅，非故弄玄虚即故弄玄虚，非自我缠绑即自我缠绑，非自我憋屈即自我憋屈。

（这种故弄玄虚的造作禅，充斥于谈禅讲佛的滥作之中；上面所引的，只不过是万千实例中的一例而已。）

· 2 ·

"与其追求无惧身灭名裂，不如直接不理身灭名裂好了。"

批：

遇上狮虎，大勇无惧，冷静应变；幼童无知，乱跑不理。

何者为宜？

"与其追求无惧X，不如直接不理X好了"这种说法，境界似很高，但多行不通。

"与其追求无惧危险，不如直接不理危险好了。"

"与其追求无惧太太，不如直接不理太太好了。"

等等等等，可乎？

· 3 ·

A：不要执著。

B：不要执著，也不要执著"不要执著"。

C：不要执著，也不要执著"不要执著"，也不要执著"不要执著'不要执著'"。

D：不要执著，也不要执著"不要执著"，也不要执著"不要执著'不要执著'"，也不要执著"不要执著'不要执著"不要执著"'"。

……

批：

A句属于语言的始原层（primary level），B句的第一个逗号之前的部分属于语言的始原层，之后的部分则属于语言的后设层（meta-level）。其余C、D……全都像B一样：第一个逗号之前的部分属于语言的始原层，之后的部分则属于语言的后设层。

A是直言其意，B直言其意兼附后设提点，C、D……全都是直言其意兼附后设提点。不过，B的后设提点有实际作用，掌握了B的旨要之后，与B在后设层上结构基本相似的C、D……便全属多余，架床叠屋，没完没了，不外言文花招故弄玄虚而已。

· 4 ·

"'大智善解忧，大慧善忘忧'？错！还有烦忧需要解、需要忘，就称不上大智大慧！称得上大智大慧者，根本就超越了一切烦忧，甚至连'超越了一切烦忧'这个念头都超越了，乃至连'"超越了一切烦忧"这个念头都超越了'这个念头也都超越了……"

批：

这种言文花招，用子矛子盾法一刺即破：

"'无敌必胜敌'？错！还有敌需要胜过，就称不上无敌！称得上无敌者，根本就超越了一切敌，甚至连'超越了一切敌'这个念头都超越了，乃至连'"超越了一切敌"这个念头都超越了'这个念头也都超越了……"

· 5 ·

A：无论一个人怎么有智慧，要是欠缺了机智幽默，那么他拥有的一定不是最高的智慧。

B：无论一个人怎么有智慧，要是以为"无论一个人怎么有智慧，要是欠缺了机智幽默，那么他拥有的一定不是最高的智慧"，那么他拥有的一定不是最高的智慧。

批：

B句不外是玩弄文字把戏。[15] 反之，不论成立与否，A句明显没有文字把戏的性质。

要玩B这种言文花招，易如反掌，用子矛子盾法一刺，即可暴露出其"花招虚展"之性——

C：无论一个人怎么有智慧，要是以为"无论一个人怎么有智慧，要是以为'无论一个人怎么有智慧，要是欠缺了机智幽默，那么他拥有的一定不是最高的智慧'，那么他拥有的一定不是最高的智慧"，那么他拥有的一定不是任何的智慧。[16]

按：

欲判断一个思想言论是否可接受，首先要看看它有没有思方漏洞（看看它有没有犯了语害、谬误等）。关于人生问题的看法，在符合了"没有思方漏洞"这个先决条件下，若要判断某个看法是否可接受，最终要视乎我们自己是一个怎样的人——有怎么样的头脑、性情、经验、体会、才学、修养、境界。到了这一步的时候，辩即多余。[17]

(2) 言文失禁

网络世界和电台电视的清谈节目,为言文失禁提供了理想的"平台"。

· 1 ·

"人是从何而来的?

这'何'界定了什么是'人'。

问这'何'的就是人;不问的,就不是人。

人就是这样来的了。"(且称此为:何创论)

批:

不问"何"就不是人?因此婴儿就不是人?何创论犯了概念扭曲的语害。[18]

按:

何创论从何而来?答曰:从网上来。

· 2 ·

(清谈节目中)

甲:"真诚的心是只讲付出,不求回报的。"

乙:"哈哈哈,是的,哈哈哈……"

丙:"哈哈哈,是的,哈哈哈……"

按:

怀着一颗真诚的心去买花,只付钱,不取花?哈哈哈,哈哈哈……

怀着一颗真诚的心去追求爱情,只讲付出,不求成功?哈哈哈,哈哈哈……

·3·

"忘记是为了再度记起。"

按：

这个这个……容易记起，不容易明，哈哈哈，哈哈哈……

·4·

"人从来不曾学过什么新事物。"

批：

婴儿天生就懂得"人"、"从来"、"不曾"等字眼的意思吗？

·5·

"知道自己贪慕虚荣的人就不是贪慕虚荣的人。"

批：

知道自己卖友求荣的人就不是卖友求荣的人？

知道自己胆小怕事的人就不是胆小怕事的人？

知道自己诸事八卦的人就不是诸事八卦的人？

知道自己言文失禁的人就不是言文失禁的人？

·6·

但要知道：知道自己说过一句言文失禁的话，不能由此便推断自己是一个言文失禁的人；正如知道自己说过一句不诚实的话，不能由此便推断自己是一个不诚实的人。

来自一位知名漫画家的说法："当你对自己诚实的时候，世界上没有人能够欺骗得了你。"这句话明显错谬，但不能由此便推断该漫画家是一个言文失禁的人。

· 7 ·

以上那些言文失禁的实例，比较算是良性的，没有多少蒙混的余地，正常成年人很容易一眼看出其中的毛病。另一方面，某些言文失禁的个案则可称为恶性的，缺乏思方训练者不容易一眼看出其中的毛病。[19]

A：“你不会思考，将必要条件与充分条件混淆，造成概念扭曲。”

B：“当你用你的观点代替我的观点，则你的必要与充分就代替了我的必要与充分，事实上是你用你的观点扭曲了我所作出的概念，而非我扭曲了概念，这是因为你犯了先入为主而得出的歪曲原意的缪误。至于你说'你不会思考'，这是犯了不相干缪误中的人生攻击的缪误。”

A：“人生攻击？从你的言论可以断定你不会思考。对不会思考的人，指出他不会思考，这是讲真话，不会犯上人身攻击的谬误。至于有没有人生攻击就不得而知了。”

B：“从你的言论中不能证明什么，顶多只可证明你是一个没什么品及思想混乱的人而已。你歪曲了别人的意思，再对别人作出人生攻击，又不承认，这说明你没有什么品。别人的真正意思你自己都没有弄清楚还自以为是，这说明你思想混乱。（恕我直言）"

A："你还是好好学习一下思考方法吧……"

B："多谢你的好意，不过我还未想看书，**因为更精密的思想始终会有漏洞。**"

按：

一篇胡乱堆砌逻辑符号或数理符号的文章，外行无法分辨，内行则能一眼看出其为瞎搞。与此近似，上面所引（来自网上）的A、B两位对话者，其中一位胡说八道，思方内行一眼即能看出其思想水平甚低：思路混乱，信口开河，瞎扯（语文内行则能一眼看出其语文程度甚低，兼且发音有问题）。

(B) 鱼混

· 1 ·

惯用**鱼目混珠之伎**[20]的诡辩者，以下简称"鱼混"。

什么是鱼目混珠之伎呢？

被批斥到无路可逃时，先讲一番没有人会反对的、但却无补于事（无助于有效反驳）的冠冕堂皇的道理，然后假装那就等于已经提出了有效的反驳——这就是鱼目混珠之伎：那一番冠冕堂皇的道理就是"珠"，那种伪装反驳则是"鱼目"。[21]

鱼目混珠之伎利用一般人的心理弱点：一经接受了"珠"之后，对于混进来的"鱼目"就容易降低警觉性。

今剖析鱼目混珠之伎的两种常见的类型。

(1) 讹称断取

有没有断章取义，关键在于有没有歪曲原义。除非全部转录，否则任何征引都必须把原文的一部分"断"开来。以为把原文的一部分"断"开来征引就是断章取义，这本身正是对"断章取义"的望文生义的曲解。[22]

被批斥到溃不成军时，就先讲一番没有人会反对但却无补于事的空头道理。例如：

"我们不应该断章取义，不应该曲解别人的意思，不应该把原是清楚的意思安排成不清楚。"[23]

讲了诸如此类的一番没有人会反对的大道理（珠）之后，就假装已经指出了对方断章取义，假装已经给出了有效的反驳（鱼目），但实际上却完全指不出所涉及的原文有哪一段／哪一句／哪一个字被歪曲了原义——这就是鱼目混珠之伎的常见类型之一，拙作称之为"讹称断取"。[24]

倘若连讹称断取也可接受的话，那么（比方说）任何人考试答题被指出错误时，都可以这样抗辩了："我们不应该断章取义，不应该曲解别人的意思，不应该把原是清楚的意思安排成不清楚。本人答了 n（n>1）条试题，阅卷员竟将本人的答案从全份答卷中抽离出来评核对错，'割裂'整体，断章取义！"

(2) 假援境规

有的人被批斥到山穷水尽时，就先讲一番没有人会反对[25]的、但却无补于事的空头道理，例如：

"如果忽略了语境，就很容易歪曲'文本'的原意。不同的文本可能有不同的'语言游戏'的规则。如果以一套语言游戏的规则为唯一的标准，去批评其他的语言游戏为错谬，那就如同下象棋的人看见别人下围棋就大呼小叫，说下围棋的人滑稽荒诞。"[26]

讲了这番"如果……就很容易……可能……如果……"（诸如此类）的大道理（珠）之后，就假装已经指出了对方歪曲了被批的原文或原话的意思，假装已经给出了有效的反驳（鱼目），但实际上却完全指不出有哪一段／哪一句／哪一个字被歪曲了原意——这就是鱼目混珠之伎的另一常见的类型，拙作称之为"假援境规"。[27]

倘若连假援境规也可接受的话，那么（比方说）任何人考试答题被指出错误时，都可以这样抗辩了："不同的文本'可能'有不同的语言游戏的规则。阅卷员竟以一套语言游戏的规则为唯一的标准去批评其他的语言游戏为错谬，忽略语境！"

（C）译混

利用（兹名之为）**托译窜辩之伎**的诡辩者，以下简称"译混"。什么是托译窜辩之伎呢？扼要说明如下。

（1）佛驴

讲佛谈禅的人当中，有许多蠢如笨驴，经常吐出不堪一击的废辞谬论（枷锁论、混糊论、造作禅、哑真理论、盲超逻辑，等等等等），拙著早已从根破斥过此等论调，不赘。

就教义来说，我认为佛教（以及古婆罗门教）的智慧远远超过其他宗教，很值得花点时间应用思方学来批析佛教思想（例如无我论），旨在去芜存菁，弘扬佛慧。拙作称此为：**宰驴弘佛观**。

有趣的是，"佛驴"一听到有人批判佛教思想，就会反应激烈。在佛驴的眼中，佛经句句是真理。[28] 在这一点上，佛驴与耶驴（统属于 X 驴）没有两样，各皆抱持"X 经无误论：句句是真理"的想法。[29]

X 驴没有能力在思考层面（分析、推理等方面）反驳批判时，往往转向翻译层面，利用"托译窜辩"的伎俩来企图护教。这种诡辩伎俩可例释如下。

首先，佛驴强调被批的佛经只是（比如说）汉文译本，而原典则以梵文写成；然后佛驴就拿梵文来东拉西扯一番，表示自己学过梵文（譬如学过 2 年，每周上课 2 小时）；最后佛驴就说："译本可能有错！"如此这般就当做反驳了有关的批判。

批：

第一，从幼儿园就开始学英语的英文小学六年级学生，其英文程度与"梵文学过2年，每周上课2小时"之类的佛驴的梵文程度相比起来，一般而言谁比较高？这些小学生的英文程度与（比如说）《莎士比亚全集》（北京，1978年）的译者的英文程度相比起来，一般而言谁比较高？上述那种佛驴的梵文程度与鸠摩罗什和玄奘三藏等翻译大师的梵文程度相比起来，谁比较高？这种佛驴能确凿指出那些大师的译本有错的概然率能有多高？

顺笔一提，《佛祖统纪》（第四十三卷）记载了译经的过程是何等隆重其事：

"于东堂面西，粉布圣坛，开四门，各一梵僧主之……第一译主，正坐面外，宣传梵文。第二证义，坐其左，与译主评量梵文。第三证文，坐其右，听译主高读梵文，以验差误。第四书字，梵学僧审听梵文，书成华字，犹是梵音。第五笔受，翻梵音成华言。第六缀文，回缀文字，使成句义。第七参译，参考两土文字，使无误。第八刊定，刊削冗长，定取句义。第九润文，官于僧众南向设位，参详润色。"

比照之下，当那种"梵文学过2年，每周上课2小时"之类的佛驴扬言自己要"全新翻译佛经"时，能不令人莞尔？

第二，佛驴需要具体指出译本"何处"有错，这才是论题关键所在，然而佛驴却只是声称译本"可能"有错，这样的诡辩（拙作名之为"莽托可能"[30]），犯了偷换论题的谬误。

（2）海驴

托译窜辩的伎俩，当然不是佛驴拥有独家专利的诡辩手法。例如，某种可戏称之为"海驴"（或海鲈）者，同样爱用托译窜辩的伎俩来诡辩。现在略予批斥。

·1·

前文批过的德国哲学家海德格尔，其知名之处包括"以行文暧昧见称"。当海氏被批评故弄玄虚、行文暧昧晦涩的时候，有海驴这样为海氏辩护：

"海德格尔所写的原文是德文，现时于坊间的中文版多数是从英文译本上再译出来的。此引文经人翻译或甚至译上加译，因此未必切合原意。"[31]

海驴须要确凿指出的是译文"不"切合原意，但事实上海驴却只是声称译文"未必"切合原意。这样的驴式辩护，正切合了"莽托可能"的原意。

·2·

海氏的代表作 *Sein und Zeit* 由麦奎利（J.Macquarrie）和罗宾逊（E.Robinson）合译为 *Being and Time*，已成标准英译。当海氏被批评故弄玄虚、行文暧昧晦涩的时候，有海驴表示要以德文作准。在此问题上，须要注意下面两点：

第一，一般往德国留学的人的德文程度，跟麦奎利和罗宾逊比较高下，其概然结果可想而知。至于"德文学过2年，每周上课2小时"之流的德文程度，跟麦奎利和罗宾逊比较高下，其概然结果就更是"不想亦知"的了。

第二，不但有众多非德国学者批评海氏言辞暧昧，而且有许多德国学者也批评海氏言辞暧昧。例如前文所批的海氏之言，就是卡尔纳普拿来作为言辞暧昧的典型例子的。著名德国哲学家卡尔纳普的德文程度高些呢，还是"德文学过2年，每周上课2小时"之流的德文程度高些？

· 3 ·

海驴为海氏被批暧昧晦涩的句子辩护，抗议批评者"把一句说话从整个论述脉络中切下来……从所有纽带中切下来……整个地从它所处身的脉络中切离"。[32]

批：

第一，可参考前文对"讹称断取"及"假援境规"的批斥，不赘。

第二，可引申子矛子盾法来加以刺破："你为被批者的句子而辩，但你本身恰恰就是把批评者的句子'从整个论述脉络中切下来……从所有纽带中切下来……整个地从它所处身的脉络中切离'呀！"

· 4 ·

海驴为海氏被批暧昧晦涩的句子辩护时说："（批评者）指责海氏本身刻意把语言（被批的句段）弄得晦涩非常。就这点而言，我是同意的。"[33]然后把原句本来没有的意思硬塞进原句里——像整容师把填充物塞入顾客的身体里——以为这样就能判定海氏的句子并不暧昧晦涩。（参见注释[32]）

批：

第一，被批暧昧晦涩的是原句，而不是做过手术的、经历了（且谓之曰）**语意填塞**的"原句"。

第二，既已承认了"海氏本身刻意把语言（被批的句段）弄得晦涩非常"，同时又断定海氏的句子并不暧昧晦涩，这是自捆嘴巴，响亮清脆，绝不暧昧晦涩。

（D）学 混

学混最常露出的特征就是：思方盲贩卖伪学术。

（1）伪托权威

不学无术兼属思方盲的学混，企图批评（比如说）某个主义／哲学流派／形上思想／宗教信条／伦理学说／艺术理论……的时候，没有能力也没有程度提出任何严谨的论证，往往就诉诸潮流时尚，以此作为权威，充当论据，结果犯了伪托权威的谬误。这些学混的口头禅是：

"这个哲学流派已经过时了！"

"那个哲学流派已经寿终正寝了！"

"某某伦理学说受到猛烈批评了！"

"某某宗教信条已被宣告破产了！"

"某某形上思想被认为走到穷途末路了！"

"pp主义已被当代（洋）学者扬弃了！"

"qq主义已被当代（洋）学者群起排斥了！"

"ss艺术理论已被当代（洋）学者宣判了死刑！"

等等等等。[34]

此等陈述不能作为论断该等主义／流派／思想／信条／学说／理论……是否确当的有效论据，但学混却明示或暗示此等陈述表达了有效的权威论据,这不过暴露了这些学混自卑窝囊而已。

(2) 伪学胡诌

学混之"学",无非伪学。

一篇叫做《语理分析是绝世武功?》的文章,原发表于基督教刊物《时代论坛》上,后转贴到香港电台"李天命网上思考"之中。其作者乃心理学博士,以下称之为Y。[35]

上一小节所批的那类学混口头禅套式、本小节所批的伪学胡诌,以及下一小节所批的术语掩废,全都可在此文内抓到。(其实世上学混文章多如牛毛,无法、无须、亦无谓尽批。拙笔一向随缘,随缘而挥——比如顺手顺便,就天外飞来拙网之料,略拈一二,视同嬉戏,从心所欲而批。)

· 1 ·

Y:"除了宗教范畴,还有其他范畴是超越人的经验与语言。例如人只能经验三次元空间,但是在数学推算中却常常包含四次元或以上。"

批:

这些数学推算所用的数学语言,原来不是人的语言,而是"超越人的经验与语言"的?

· 2 ·

Y:"又例如统计学的因素分析 (factor analysis),进入矢量空间 (vector space) 或者对象空间 (subject space),这种空间超越我们日常经验的空间,所以亦称为超越空间 (hyperspace)。"

如果读者觉得一头雾水，我（Y）只可以说：'数学空间超越人的空间，以我们有限的经验和语言，实在难以解释。'"

批：

（1）信口雌黄，昧于纯数学与物理几何（physical geometry）有巨大差异，"空间"一词在数学里的用法可以跟现实空间完全无关，无所谓超越不超越。

（2）Y只是在胡说八道，读者自然会觉得一头雾水，怎么办呢？Y说："我只可以说：……实在难以解释。"

但如果觉得一头雾水的读者是希尔伯特、爱因斯坦等人呢？还是那句："我只可以说：……实在难以解释。"

· 3 ·

Y："爱因斯坦说得好：科学的最高机构超越表面的感官经验。"

批：

即使爱因斯坦说得好，Y也理解得劣。现代物理学的最高理论层包含高度抽象的理论概念，例如"原子"、"电磁场"之类，此等理论概念并不直接表述感官经验，这不过是科学法度的常识。爱因斯坦所指的盖不外乎这个科学法度的常识。他什么时候说过"科学的最高机构超越表面的感官经验"？什么是科学的"最高机构"？科学什么时候成立了一个"超越表面感官经验"的"最高机构"？无知充内行，不诚而蠢。

（这位心理学博士的心理过程，不难理解。其上述胡诌也，估计是看不懂科学方法论之中的"(theoretical) constructs"这个专门用语是什么意思、于是随手翻查普通字典而瞎搞出来的一个"随机译果"。内行人见到Y这个"超越表面感官经验"的"科学最高机构"，一想到其"神创过程",能不会心微笑乎?)

· 4 ·

Y:"以量子而言,却没有东西存在!"
批:
伪学胡诌。

(3) 术语掩废

学混废文是用什么来掩废的呢?学混废文是用术语迷彩[36]虚饰着伪学胡诌来掩废的。

Y:"在这篇文章中,我只希望简单地指出语言清晰和古典逻辑并非是衡量知识的唯一标准。"
批:

· 1 ·

"2>3"是清晰的,清晰地错误的。从来没有学者提出过"语言清晰……是衡量知识的唯一标准"这种明显荒谬的论调。Y说得仿佛有学者提出过这种明显荒谬的论调,而他则要出来"指出"这种论调不能成立——这在思方学中叫做"刺稻草人",放空炮。

· 2 ·

逻辑的本旨在于研究推理。从来没有学者提出过"……古典逻辑是衡量知识的唯一标准"这种明显荒谬的论调。Y说得仿佛有学者提出过这种明显荒谬的论调,而他则要出来"指出"这种论调不能成立——这在思方学中叫做"刺稻草人",放空炮。

· 3 ·

根本没有正常人认为语言清晰和古典逻辑是衡量知识的"唯一"标准，Y只是无的放矢，多此一举，煞有介事地要"指出语言清晰和古典逻辑并非是衡量知识的唯一标准"，而且这就是其大作的全部主旨之所在："在这篇文章中，我只希望简单地指出语言清晰和古典逻辑并非是衡量知识的唯一标准。"

所谓的"只希望……"，可谓多此一望，无的而望，废望。

· 4 ·

Y总结其文：

"……如果语言分析者追问下去，我们怎样可以知道那数学理论是正确呢？理论分布的意思是什么？理论分布是否存在呢？理论上存在是什么形式的存在？数学哲学家现在还未能完满地解答这些问题，那么社会科学可以关门大吉了！

我（Y）只是从容地回答：'我相信神，我相信神创造了一些超越人类经验的世界，包括数学世界、理论分布，我也相信慈悲的天父，主动启示人类，让我们可以领略另一个世界的奥秘。'"

批：

"我只是从容地回答：'我相信神……'"，自言从容，表态信神，如此这般就能够确当地回应了那些问题？——能够的话就是神迹，不能的话就暴露了蒙混、胡混的"学混神髓"。

三、耍相公

"相公"一词,既可指称男旦、男妓,亦可戏称学徒、新手,此外又是一个赌博术语——打麻将时拿多或拿少了牌,就是相公(麻将新手常犯此毛病)。在麻将台上做了相公者,处境尴尬,惹笑滑稽,其牌局只会枉费心机,其结果必无可能赢。以下称之为"盲相公、蛮相公、跛相公、龟相公"者,亦是处境尴尬,惹笑滑稽,其思想言说只是枉费心机,其立论必无可能成立。扼要破之如下。

(相公思路,其学名约即"相对主义",其本质则为**弱者逻辑**;参见《从思考到思考之上》,52~56页,129~133页。)

(A) 盲相公

盲相公者,义理盲之谓也。

(1) 盲意义论

有些词句暧昧迷糊,有些词句不暧昧迷糊;不能从"有些词句暧昧迷糊"就推论"语言本身就是暧昧迷糊的"。

但盲相公说:"语言本身就是暧昧迷糊的,暧昧迷糊是语言的本质。"[37]

批:

如果语言本身就是暧昧迷糊的,那么盲相公的说法本身也就暧昧迷糊,不知所云。可见盲相公自掴嘴巴,犯了自我推翻的谬误。

(2) 盲真理论

盲相公宣称:"宇宙间没有客观真理。"

批：

"犬有翼，2>3，凡此等等，对我而言为真，是主观真理。"这种说法显然荒谬，其所谓"主观真理"，实即等于"不是真理"。真理就是如实的陈述。[38] 凡是真理都是客观真理，凡是客观真理都是真理，简言之，真理＝客观真理，其中"客观"两字仅有强调的作用，其实可以略去。

据此，说"宇宙间没有客观真理"就等于说"宇宙间没有真理"。但"宇宙间没有真理"这个说法犯了自我推翻的谬误——如果宇宙间有真理，那么"宇宙间没有真理"这个说法就不是真的而是假的，不是真理而是歪理；另一方面，如果宇宙间没有真理，那么"宇宙间没有真理"这个说法也不是真的而是假的，不是真理而是歪理。

(B) 蛮相公

蛮不等于强，思想蛮塞不通反而是头脑虚弱的暴露。

蛮相公者，义理蛮之谓也。

(1) 蛮意义论

蛮相公宣称："清晰不清晰，是主观相对的，你认为清晰就清晰，你认为暧昧迷糊就暧昧迷糊。"[39]

批：

以子矛子盾法刺破蛮意义论："对对对！你说得很对！不是相对对而是绝对对！任何说法我认为清晰就清晰，我认为暧昧迷糊就暧昧迷糊。现在我认为你的说法是暧昧迷糊不知所云的，因此你的说法就是暧昧迷糊不知所云的了。"

(2) 蛮真理论

蛮相公宣称:"真理是主观相对的,任何思想或说法你认为真就真,你认为假就假。"

批:

以子矛子盾法刺破蛮真理论:"对对对!你说得很对!不是相对对而是绝对对!任何思想或说法我认为真就真,我认为假就假。现在我认为你的说法是假的,因此你的说法就是假的了。"

(当蛮相公坚拒吃氰化钠时,那就近乎自证口是心非,心里并不真的相信真理是主观相对的,并不真的相信"氰化钠有剧毒"这个科学判断你认为真就真,你认为假就假。)

(C) 跛相公

A:"物件无常,事件恒常。花会凋谢,'此花曾经绽放'这个事件永不凋谢。"

B:"你首先要界定怎样才算'一'件物件,而且还要界定怎样才算'一'件事件。"[40]

子矛子盾:"你首先要界定怎样才算'首先',怎样才算'界定',怎样才算'才算'……"

(1) 走火入魔

跛相公抱持这种态度预设:"思想言行必须步步讲求界定／理据／证明／方法／标准……"

批:

如此"步步讲求……",结果只会寸步难行,不良于行,成为了跛相公。

跛相公学用**思考三式** [41] 当中的厘清式（X是什么意思？）和辨理式（X有什么理据？），但一知半解，走火入魔，就像下面那位快要入精神病院的侍应——

顾客："请拿一杯开水给我。"

侍应："如何界定'一'？如何界定'杯'？如何界定'开水'？有什么理据认为我有责任要拿开水给你？怎样证明你是顾客？用什么方法证明？依什么标准分辨那方法是否确当？"

批：

跛相公。

（2）思想残废

碰到跛相公滥索滥问时，可按情况选取回应的方式：或不予理睬，或以"跛相公"三字评定，或用子矛子盾法来戏之弄之，或耐心教之导之（若非下愚不可教的话），使之觉悟个中道理如下：

定义不能无穷倒退，不能没完没了地追问下去，一系列的界定必须有个起点。作为起点的字词或概念不能再被界定，只能通过展示、例释、类比、语境烘托等手段来厘清。证明（或理据）也不能无穷倒退，不能没完没了地追问下去；一系列的证明必须有个起点，这种起点叫做公理。在逻辑系统中，公理用来证明定理，公理本身不能再被证明，最后只能凭着理性直接看出其为确当。标准和方法也不能无穷倒退，不能没完没了地追问下去；考察那些标准或方法是否可接受时，或考察那些标准或方法所依的标准或方法……所依的标准或方法……是否可接受时，最后还是要由理性来判定，终极的根据终究就在理性。

滥索定义，滥索理据，滥索证明，滥索标准，滥索方法……结果只会变成思想残废、言行残废——成为了跛相公。[42]

(D) 龟 相 公

(1) 龟缩主义

且称此为龟缩主义："谁知道该凭什么来判断真假对错呢？没有人知道！人是有可能判断错的，所以任何时候都不应该下判断，尤其不应该批判别人。"[43]

· 1 ·

"谁知道该凭什么来判断真假对错呢？没有人知道！"

批：

本人是人，并知道该凭什么来判断真假对错——主要凭着思考方法，依据有关资料，最终基于理性来判断真假对错。

（即使企图对这个批驳提出确当反驳，还是需要凭着思考方法，依据有关资料，最终基于理性来进行。）

· 2 ·

"人是有可能判断错的，所以任何时候都不应该下判断，尤其不应该批判别人。"

批：

正由于人是有可能判断错的，所以要好好掌握思考方法，依据有关资料，最终基于理性来下判断，而不是"所以任何时候都不应该下判断……"。

（2）自我推翻

"任何时候都不应该下判断"这种论调，实践上此路不通，思想上自我推翻。

·1·

这种论调实践起来此路不通，因为，在正常情况下，我们天天都要作出许许多多的判断：考虑食物有没有益或有没有害、过路时要不要遵守交通规则、迎面而来的是不是某某人、要不要追求某某人、要不要跟某某人分手……凡此都要下判断。

·2·

更要害的是：这种论调在思想上自我推翻。因为，"任何时候都不应该下判断"这个说法本身，恰恰就是一个判断。

（3）莽托可能

龟相公的思路，以龟缩主义为主，以莽托可能为辅——须要断说"是如此"的时候，就退缩到泛泛而说"可能是如此"；须要断说"不是如此"的时候，就退缩到泛泛而说"可能不是如此"。这就是莽托可能。

一旦被批驳而找不到对方的批驳"有"何错漏时，龟相公就不着边际地说对方的批驳"可能"有错漏（或声称对方"总不能排除有其错漏的可能性呀"），跟着落荒而逃。此所以正为龟相公。

统　括：赋能进路 vs 反智赖潮

一、缺乏真理诚劲

如实的陈述（真句）、这种陈述所表达的实况（真相），都叫做 truth；中译为"**真理**"。

追求真理并非易事，在思想层面需要用脑——需要厘清意义、讲求理据、**探索可能性**——在心性层面则需要对真理诚而有劲。

上文所拍弄的四种混饨（文混、鱼混、译混、学混），以及所要弄的四类相公（盲相公、蛮相公、跛相公、龟相公），其心性状态俱可概括为"缺乏真理诚劲"（**对真理不诚而颓**）。

四种混饨无非胡混，其为"缺乏真理诚劲"甚明。跛相公以外的三类相公，对真理或盲或蛮或龟缩，其为"缺乏真理诚劲"同样甚明。至于跛相公，以滥索滥问作为幌子，掩饰自己其实是在回避探讨真理，其为"缺乏真理诚劲"，不亦彰彰甚明乎？[44]

诸种相公思想大都在古希腊时期已出现过，不过只是支流；到了今天，却泛滥成灾。正是：古已有之，于今为烈。

（A）畏思心结，盲超逻辑

缺乏真理诚劲的人，怕用脑，怕思考，每多怀有"畏思心结"。

畏思心结的如意算盘就是"超越逻辑，不用思考，至少可以胡乱思考"。

抱持所谓"超越逻辑"这种想法的人，主要是某些宗教人士如铃木大拙之流、某些江湖学者如德·波诺（de Bono）之流，以及某些女性主义者（不一定就是女性）。

拙作[45]已经再三破斥过所谓的超越逻辑（超越逻辑＝盲超逻辑），兹不赘述，只提醒注意下列几点。

· 1 ·

当一个人宣称要"超越数学"时，宜首先问他：所谓"超越数学"是什么意思？怎样算是"超越了数学"？同理，当一个人宣称要"超越逻辑"时，宜首先问他：所谓"超越逻辑"是什么意思？怎样算是"超越了逻辑"？

数学断言"3>2"，所谓超越数学是否包括要超越"3>2"？那是什么意思？逻辑断言"如果3>2，则3>2"，所谓超越逻辑是否包括要超越"如果3>2，则3>2"？那是什么意思？

· 2 ·

天地间最坚稳可靠的学问就是逻辑和数学，甚至可以说逻辑比数学还要坚稳可靠（如上所述：数学断言"3>2"，逻辑断言"如果3>2，则3>2"；参见注释[62]）。在逻辑和数学之后，其次最坚稳可靠的学问就是物理学。物理学比一般的人文社科（盲超逻辑的论调即来自此等领域）可靠得多。最坚固的建筑物也要靠工程学来建造，工程学预设了物理学，物理学预设了数学，数学预设了逻辑（数学证明要靠逻辑）。**如果连逻辑这块至坚至稳的金刚基石也不可靠的话，盲超逻辑的论调就更更更更……不可靠。**

· 3 ·

逻辑技巧仅仅是思方五环之一。前文提过，思方学最基本的环节是语理分析，最受用的环节是语理分析和谬误剖析：语理分析和谬误剖析乃思方学的两把批判利刃。长着"畏思心结"的盲超逻辑论者，以为自己最大的威胁来自逻辑，殊不知语理分析和谬误剖析这**思方双刃**才真正是盲超逻辑论者最大的克星。

· 4 ·

盲超逻辑是言文失禁的一个范例。

有关人等连一门及格的普通逻辑课程也没有修习过（或修过而不懂），连一本及格的逻辑入门书也没有读过（或读过而不懂），连问题涉及的关键概念（何谓重言命题、何谓对确论证、何谓逻辑）也一无所知，这样的一群乌合之众，在那里叽叽喳喳"挑战逻辑／超越逻辑"，其不言文失禁者，几稀矣。

当一群不知数学为何物的幼儿园娃娃咿哩哇啦地高唱"挑战数学／超越数学"时，肯予理睬的数学系学生可能是希望讨好娃娃的姐姐，肯予理睬的数学系教授可能是希望得到娃娃的老师青睐。[46]

(B) 穿凿附会，望文生义

穿凿附会信口开河，是对真理不诚；望文生义懒于核证，则属于颟。

· 1 ·

Z教授："树其实真正（virtually）存于种子内……人类逐渐蜕变为'量子'集体智能；这里只有符号，而所谓在宏观世界内的个别主体，亦得让位给那非线性、混杂和浓缩的量小份额。人类会在那极有弹性、无尽的拟真层的几何世界起舞，留下仍然震颤着的探戈脚印……量子主体的探戈,每舞一步都在将僵化的知识符号或主体打成粉末而使之流动,带领观察者重返大地怀抱成为参与者。"[47]

批:

"考古学是追求复古的学问,经济学是放纵私欲的学问,物理学是标榜物质享受的学问……"这些说法穿凿附会望文生义,以致概念扭曲,但非语意错乱;前面的引文也是穿凿附会望文生义,以致概念扭曲,但不同的是,该文兼含语意错乱。(语意暧昧达至"全无意义:语无伦次不知所云"的极度,即为语意错乱。)

· 2 ·

Z教授:"量子学的研究,可以说是明知粒子具有粒波二态和非在地成双成对的奇妙存在,仍然受到西方哲学传统影响,坚持要强迫它以'实相'或'色'呈现眼前。反观佛学,例如龙树的《中论》,则提出往返空与相的中道,反而在精神上更接近海森伯(Heisenberg)的测不准原则,以'毕竟空性'概括了同时计算粒子的位置和速度的不可行。这等于将问题放在德勒兹的'问题场'而进行实践式的心灵物理学;而场论更聚焦至时空行动兼备、切入中介交杂的力场上,通过衍生和对称破裂过程,体现万物在连串拟真事件生发的共生。佛家的'本体空'或《心经》的'色不异空,空不异色,色即是空,空即是色',亦同样具备微粒量子学的基础……学佛者的修行体会,等于在找寻真我时那不断净化自己的波函数过程。"[48]

批:

本段引文比照前段引文,堪称百尺竿头更进一步,甚至比照起任何胡诌都堪称至尽至极无以复加。[49]

按：

引申"甲级罪犯、乙级罪犯"这种用语惯例，设"丙级、乙级、甲级"顺序表示"初等严重、中等严重、极度严重"。丙级学混可能以为自己不是在胡说八道，甲级学混不可能不知道自己是在胡说八道（除非脑有问题，而且极度严重）；至于乙级学混，则介乎两者之间。

依此相较，拙作《×××的思考艺术》所批的某甲只能算是丙级学混，前文所批的学者Y则可归入乙级。那么甲级呢？看来非Z莫属。

对于"玩批判"这种"高级理智游戏"来说，甲级反面教材等同至宝，该当留以备用。刚才所用的两段，只不过是从Z所大量生产出来的至宝当中随机抽取的九牛一毛而已。

九牛拔一毛，仍存有九牛。九牛备用，不亦快哉。[50]

二、反智四赖招

当今之世，混饨心态和相公心态（尤其后者）产生了一种可称之为"**反智赖皮**"的人众。

如前所述，追求真理并非易事，需要用脑用心（对真理诚而有劲）。反之，要做反智赖皮，则易如反掌，白痴亦能，只消祭起"反智四赖招"就行，那就是：

无非观点，

权界定真，

滥索滥问，

戏何必执。

（A） 无非观点

"你有你的观点，我有我的观点。"

"你有你的角度，我有我的角度。"

"你有你的立场，我有我的立场。"

"你有你的标准，我有我的标准。"

"你有你的思维模式，我有我的另类思维模式。"

"见仁见智。"

……

按：

并不是说任何上列句子在任何时候都不可以用，而只是说一旦惯于利用这些句子来作遁词——掩饰自己已被批倒、回避分辨是非对错、逃避分辨真理与谬误时——那就是反智赖皮，不外为相公心态的流露罢了。[51]

例：

（1）考试证明定理，证错了，被老师指出其错时就说（真人真事）："见仁见智！"

（2）作文狗屁不通，被老师指出其弊时就抗议（真人真事）："你有你的标准，我有我的标准！"

（3）偷家里的钱，被父母责备时就大发脾气（真人真事）："你有你的观点，我有我的角度！"

这就是反智赖皮的"另类思维模式"了。

批：

（1）"无非相公"认为任何思想都无非是一种观点／角度／立

场，见仁见智。问题是：断定3>2，是什么"观点／角度／立场"？有什么"观点／角度／立场"是认为2>3的？

（2）可运用子矛子盾法来修理（或点醒，如果可能的话）这类赖皮。譬如，当上述那种顽劣学生答错了一点点时就给他全卷零分，待他抗议时就说："你有你的标准，我有我的标准，见仁见智！"[52]或对上述那种顽劣孩子加以经济制裁，待他抗议时就说："你有你的观点，我有我的角度，见仁见智！"

（B）权界定真

"谁的界定？！谁的真假？！谁的对错？！"

"谁可独揽对事物的解释权？！"

"只容许一种解读就是霸权！"

"可以说是对，也可以说是错，对错只不过是一些符号罢了。"

"所谓批判，只不过是自己赋予自己权威去使用一些定义规则来攻击别人罢了。"

……

批：

约定用某些符号表达某些概念（例如用"2"、"二"、"two"等笔画表达同一个概念），这属于界定的范畴；断定"2>1"（或"二大于一"，等等），这属于判断的范畴。界定（定义）可以约定俗成，判断（陈述）却并非约定俗成。

诸如"可以说是对，也可以说是错，对错只不过是一些符号罢了"、"所谓批判，只不过是自己赋予自己权威去使用一些定义规则来攻击别人罢了"之类的说法，底子里只不过是**混淆了界定和判断／混淆了定义和陈述**的一种赖皮滥调罢了——

（1）光的入射角＝其反射角，$H_2O \neq H_2SO_4$，这是判断，而非界定，事实确凿，无所谓"谁的界定？！谁的真假？！谁的对错？！"

（或用子矛子盾法破之："对对对，真假对错只不过取决于是谁的界定。只要界定 $H_2O = H_2SO_4$，硫酸就会变成清水的了，而你也就可以靠饮硫酸来解渴了。"）

（2）人在万尺高空没有降伞或其他保护就从飞机上跳下会死，吞牙膏既无助于医治脑癌也无助于医治脑蠢，这是判断，而非界定，事实确凿，无所谓"谁可独揽对事物的解释权？！"

（或用子矛子盾法破之："谁可独揽'谁可独揽对事物的解释权'的解释权？！"）

（3）阴虱可以一出生就单凭本能在相公的裤裆里生存，幼童却需护养、教育、学习，无法一出生就单凭本能在地球上生存，这也是判断，而非界定，事实确凿，无所谓"只容许一种解读就是霸权！"

（或引申子矛子盾法来破之："霸权有何不好？只容许认为霸权不好就是对'霸权'的霸权式解读。"）

按：

"这个世界只有两种性别？！谁的界定？！"这种抗辩见于网上，很有趣，如果出现于申领护照或机场过境之类的场合中就更加有趣——反智赖皮一见要填写"性别"一栏，便即爆发癫鸡式抗议："这个世界只有两种性别？！谁的界定？！"

（C）滥索滥问

遇到别人无理取闹，像"小孩不停乱问为什么"那样无休无止地滥问"如何证明／如何判定／有什么方法……"的时候,不妨运用子矛子盾法来反问他:如何证明是你问"如何证明"?如何证明证明是可靠的?如何证明证明的证明是可靠的?……如何判定是你问"如何判定"?如何判定判定是可靠的?如何判定判定的判定是可靠的?……有什么方法妥善应用方法?有什么方法妥善应用方法去妥善应用方法?……

滥索滥问,常见有下列三种形态:

(1) 无中生问

· 1 ·

询问如何确当地思考、如何分辨真理与谬误、用什么方法可以解某类方程式、有什么专业方法能在赌场出千……这些问法并不荒谬。

相反的是,"如何能够不说谎?可用什么方法不说谎?"这样的问法却是荒谬的,因为那是在无所谓"如何"、无所谓方法……的事情上滥问"如何"、滥问方法……[53]

诸如此类的滥问,且谓之曰"无中生问"。

· 2 ·

父母师长:"你太懒惰了,做人不能这样,要勤力些。"

懒惰小子:"如何能够勤力些?用什么方法勤力些?"

父母师长:"意志坚强些吧,下决心要自己勤力些吧。"

懒惰小子:"如何能够令意志坚强些?用什么方法来下决心?"

批:

要么下决心,要么不下决心,要么下不了决心……此等事情根本无所谓"如何能够"——根本没有一定的方法。

懒惰小子懒于思考，以为达成任何事情都有一定的方法，以为只要别人把方法告诉了他，他就可以不用脑、不用力、不用功，可以懒惰。

这种颓懒人士的颓懒思想，正投合颓弱世代的颓弱心态。

(2) 昧于约述

A："北欧人比南亚人高，但北欧人在大象旁边却是矮子。"

B："任何北欧人都比任何南亚人高？！北欧人在刚出生的大象旁边仍算是矮子？！"

批：

具有"所有／每个／任何／一切……"这种形式的陈述，叫做**全称陈述**。[54] 例如"所有北欧人都比任何南亚人高"、"每个北欧人在任何大象旁边都是矮子"，这些就是全称陈述。另一方面，像"北欧人比南亚人高"、"北欧人在大象旁边却是矮子"这样的陈述，只是大概的、一般性的**约略陈述**，而不是全称陈述。B提出的质问把约略陈述和全称陈述混淆了，且称之为"昧于约述"。

(3) 错失旨要

· 1 ·

数学老师在几何课上示范证明"等腰三角形的底角相等"时，画了一个三角形，有学生提出质疑：

"根据定义，三角形是平面上三条直线所围成的封闭图形，可是你所画的线段有点弯曲，不是真正的直线啊！"

这就是（且名之为）错失旨要，[55] 因为所画的三角形无非为了辅助了解，并不是证明那条定理所必需，并不是论题的关键所在。在此情况下要求"真正的直线"，属于滥索，不外无理取闹，节外生枝。

· 2 ·

"与其跳进水里跟鳄鱼搏斗，何如叫鳄鱼上岸赛跑？

自己决定是否要参与，自己决定自己人生的游戏规则，方属高明。"（《哲道行者》，8页）

关于这个警句，在"拙网"上见过这样的留言（大意）："但人是跑不过鳄鱼的呀。"

按：

拙网自由开放，留言量比较大。在网上，拙笔一向打算回应对拙笔的"及格之评"。然而网内网外从未发现过。

另一方面，刚才所引的留言[56]乃善意提示，且更涉及一些趣点，不妨在网外稍吐数语如下。

（1）《哲道行者》的《序幕》的第一个注的第一句已经言明："警句体，每多省略但书，留有诠释余地"。第二句进一步说明："拙作通常不会为了照顾呆笨解读或为了避开无关宏旨的边僻例外而采取迂腐烦琐的曲折写法。"

（2）人跑不过鳄鱼？不一定，不见得。

（3）"就算"人跑不过鳄鱼，也无关宏旨，个中旨趣不在此，在此计较便属迂腐，吹毛求疵。

（4）"就算"要吹毛求疵，仍是求之不得，因为那个警句无懈可击，无疵可求。理由是：纵使人跑不过鳄鱼，跳进水里跟鳄鱼搏斗还是不如叫鳄鱼上岸赛跑，因为前者会平白送命，后者则平安无事——鳄鱼是听不懂你"叫"它上岸赛跑的。

（D）戏何必执

·1·

20世纪中期，维特根斯坦提出了"语言游戏"（language game）一词，学混赖皮们就如获至宝，拿这个词语来作天才发挥，表示"没有客观真理，所谓真理只不过是语言游戏"。

批：

（1）参看"盲相公"那个分节对"没有客观真理"的破斥：这种论调犯了自我推翻的谬误。

（2）"所谓真理只不过是语言游戏"，这种说法可用子矛子盾法来刺破："对对对！所谓真理只不过是语言游戏。可见诸如'高压电缆会电死人'之类的说法，也不过是语言游戏而已。你不妨试试抓着高压电缆当单杠玩吧，很好玩的游戏呀！"

·2·

学混赖皮被批到片甲不留时就说："你有你的语言游戏，我有我的语言游戏。"被揭破其言论错谬充斥时就说："语言游戏，何必执著？"

这种"戏何必执？"的态度（引申兼含下一小分节所例示的赖皮态度），且戏称之为**"何必态度"**。

·3·

"何必"一词，本有妥善的用法，但在何必态度下却成了一个用来和稀泥、假开明、回避分辨真理与谬误、逃避分辨是非对错的遁词。

例：

（1）"是非对错谁能通晓，何必一定要去分辨呢？"

（2）"真假善恶都是'评论'而已，何必一定要去判别呢？"

（3）"世上只有坏事，没有坏人，何必一定要去批评别人呢？"

（4）当大家正在谴责传媒报道的变态色魔时，"何必态度者"就独排众议，发表高见："各人行事自有各人的原因，当事人亦必有他自己的原因，何必一定要去责备别人呢？"

批：

（1a）明批：没有必要"通晓"了全世界的是非对错之后，才去分辨个别的是非对错。

（1b）隐批（以子矛子盾法对付）："对对对！是非对错谁能通晓，考是非题时何必一定要去分辨是非呢？"

（2a）明批：真假善恶可"被评论"，而非"是评论"。

（2b）隐批（以子矛子盾法对付）："对对对！真假善恶都是'评论'而已，何必一定要去判别是真币还是假币呢？"

（3a）明批：歪曲了"坏人"一词的正常用法，犯了概念扭曲的语害。

（3b）隐批（以子矛子盾法对付）："对对对！世上只有产子的事，没有产子的人，何必一定要认那个生你出来的人做母亲呢？"

（4a）明批：原因≠理由，有其原因≠有其理由，有其理由≠有确当理由。何必态度者暗将"有其原因"曲解成"有确当理由"，再次犯了概念扭曲的语害。[57]

（4b）隐批（以子矛子盾法捆之）："对对对！各人行事自有各人

的原因,我捆你的原因是为了要捆醒你,何必躲避?"

· 4 ·

何必态度有种种不同的变奏,难以通通列出加以批判,不过各种变奏的"精神"则一脉相通(和稀泥、假开明、回避分辨真理与谬误、逃避分辨是非对错),大家不难自己辨认,然后以子矛子盾法破之。

总括而言,何必态度最常露出的一个款式就是:先来一点似是而非的"理由",跟着祭出"何必……"(或祭出与之同义或具有相近作用的修辞问句)。比如——

何必态度:"你又不是导演,何必一定要去批评人家拍的电影呢?"

子矛子盾:"你又不是何必,何必言必何必呢?"

总结：理性克反智

人类心灵的终极安顿，必含宗教性。但同时，霸道排他的盲狂宗教又是人类历史上最大的人为祸源。

西方在史称"黑暗时代"的中古，人民绝大多数都是教徒。到了今天，教徒的比例如江河日下。自古以来从没有其他任何一个时代的知识水平和**人类整体幸福水平**及得上当世。**这个伟大进展的最大关键，就在于理性的强势彰显**——"建基于逻辑理性的数学科学＋建基于实践理性的民主人权"发出了所向披靡的力量。[58]

设使千百年后人类仍然存在而且高度循理，届时宗教若要生存的话，其先决条件就是不违反理性，**让教义在"不违反理性"的基础上净化，重建信仰。**

必须警惕的是：目前有一股反理性的潮流（本书称之为反智赖潮），泛滥成灾。上文已系统地、全面而扼要地破斥了反智赖潮的中心思想（四种相公思想）及其常用招式（四款反智赖招），以下略添数言，作为"玩批判"的结语。

· 1 ·

追求真理（探索真理）的主旨在于认知事实真相。科学如此，法庭如此，人类从原始进至现代的最大分水岭亦在于此。

一位奥运金牌得主却这样说："事实如何并不重要……一切都是架构出来的。"

这可以在一定程度上反映出反智赖潮是何等汹涌，连运动员也跟随着人文学术界的反智套式来说话。

问题是：该运动员是否真的拿到了奥运金牌呢？

答案是：事实如何并不重要，一切都是架构出来的。

· 2 ·

十个马拉松冠军接力，也跑不过一匹马。十个世界拳王联手，也打不过一头狮子，更遑论大象、犀牛、河马、鳄鱼等了。但任何一个正常人的智力都胜过所有其他已知的生物。简言之，在一切已知的物种当中，**最善跑或最善搏击的人并不是最善跑或最善搏击的生物，但最善思考的人就是最善思考的生物。**

确当思考的能力叫做理性。人为万物之灵，超越了所有其他已知的物种，其最主要的凭靠不在体力，而在确当思考的能力，即理性。

拙著所讲的"赋能进路"，可用十六个字概括（详见《哲道行者》）：

理性为本，
因题制宜；
思方指引，
赋能定断。

本文破斥反智赖潮的时候，所持的利器为思方学，所本的赋能（天赋能力）即为理性。

· 3 ·

抱持反理性主义而没有理由，就是盲目；
抱持反理性主义而提出理由，就是自我推翻。[59]

· 4 ·

反智赖潮所含的种种论调中,有此一说:

"理性是一种宗教。"

批:

(1) 歪曲了"理性／宗教"的意思,犯了概念扭曲的语害。[60]

(2) 无论嘴巴怎么说,实际上任何人都必须接受逻辑、数学、科学,但并非任何人都必须接受宗教。

(3) 不信宗教神话不会有相应的"现眼报",不信理性科学却会有相应的"现眼报"——遭事实惩罚。[61]

(4) 子矛子盾:"对对对,理性是一种宗教。科学属于理性范畴,所以也是一种宗教。我相信氰化钾有剧毒而不相信伊甸园神话,你何不相信伊甸园神话而不相信氰化钾有剧毒呢,宗教自由是人权之一呀!"

· 5 ·

(a) 逻辑和数学等(尤其前者[62])是最最可靠的科目。

(b) 物理学和化学等是非常可靠的科目。

(c) 生物学和医学等是相当可靠的科目。

(d) 心理学、经济学、管理学、社会学、教育学、文学评论、艺术评论以及所谓"文化研究"和星相命理等乃不大可靠或大不可靠或未达相当可靠程度的科目。

在(a)、(b)、(c)的领域里遇到反智赖招的时候,全都很容易运用子矛子盾法来拆破、刺穿。

即使在(d)的方面,也只有少数问题(比如文学评论、艺术评论等科目里的某些问题)在一定程度上可谓"见仁见智"——只是在一定程度上，而非全然如此。就以文学来说，如果文学作品的高下好坏纯属"见仁见智"的话，那就称不上有杰作／佳作／庸作／劣作……之分，而教育当局也就没有理由选取李白杜甫等人的作品而不是随机抽取小学生的习作来作为范文的了。

· 6 ·

拙著提出了多套**适合批判所用的专词——用以摄取作为思想结晶的概念**[63]——包括上文提出的四种混饨、四类相公以及四款反智赖招的专名，可大大有助于掌握要害，令思路清晰、条理分明、系统井然严整。在此需要注意的是：批判绝非等于谩骂。

比如，正确指出了对方昧于思方、思想混乱以致语害谬误充斥，于是在此基础上称之为"思方盲"（比照"文盲"），便非谩骂。相反，自己被对方正确指出了昧于思方、思想混乱以致语害谬误充斥，就在老羞成怒的心理下称对方为"思方奴"、"使用语言暴力的逻辑暴徒"，这就是谩骂。

总括言之，无理滥骂叫做**谩骂**；相反，给出了有力理据、作出了确当批判，在此底子上对诡辩者或胡混者加以嬉笑责骂，则属于（且戏称之为）**义骂／戏骂／赐骂**。正可谓：

义而斥之，戏而弄之，居高临下，循理赐骂。[64]

· 7 ·

正常人要"挑战武功"（如果此言可解的话）必先学好武功，只有狂妄而蠢的浑人才会不知武功为何物就去"挑战武功"。

正常人要"挑战思方／逻辑／科学"（如果此言可解的话）必先学好思方／逻辑／科学，只有狂妄而蠢的反智赖皮才会不知其为何物就冒头出来"**挑战思方／逻辑／科学**"。

蠢，或由上天负责；狂妄，须由自己负责。狂妄而蠢的反智赖皮，不自取其辱者几稀。

· 8 ·

纵使要推动反智赖潮而从中取利，譬如商人贩卖智障玩具而赚大钱，政客煽起傻瓜盲潮而掌大权，凡此都要依靠理性精心设计，而不是反智。

无论由于批判反智还是由于歌颂反智而名利双收，都要批判得好或歌颂得妙。无论要批判得好还是要歌颂得妙，根底里都需要依靠确当思考的能力，即理性，而不是反智。

不论反智赖潮如何汹涌，在历史长河中，胜利的一方始终是理性，而不是反智。

· 9 ·

反智赖皮被欺负多了就向自己发脾气，然后来一个"吃亏反弹"，拥抱**唯权主义**：认为强权就是真理，认为谁有权谁就有界定权、谁有界定权谁就可以决定一切。殊不知：弱者纵使把数学定理界定为（叫做）不是真理，数学定理还是真理；纵使把氰化钠界定为（叫做）没有毒，氰化钠还是有毒；纵使把自己界定为（叫做）强者，弱者始终还是弱者。

· 10 ·

招招被破、步步被刺到溃不成军时，弱者说："你这是用你的观点来否定我的观点呀！"

批：

（1）这种又废、又滑稽、又没出息的弱者遁词，强者是不屑援用的。在思辩时，强者发现对方有错谬就一针见血加以刺穿，直截了当；自己被对方指出了有错谬就堂堂正正直认不讳，干净利落——而不会可怜兮兮地说窝囊话[65]："你这是用你的观点来否定我的观点呀！"

（2）对付这种弱者遁词，用子矛子盾法一招便了：

"你这是用你的观点来否定我否定你的观点呀！"

· 11 ·

人类过往的进步，靠的是真理山峰上的强者，而非不诚而颟的弱者。

人类将来的希望，靠的也是真理山峰上的强者，而非在真理面前孱弱畏缩的反智赖皮。

注　释（上）

附注可留待读过正文之后才翻阅。

[1] 见"前导篇"注释 [3]。

[2] 见"前导篇"注释 [4]。

[3] 若已充分掌握了思方学，则本篇相应于"100 分后又如何"的问题；否则的话，则相应于"如何先取 90 分"的问题。

[4] 本文所批者，全属真实个案。有关文字若引自网上／电视／电台，一般省略注明；若引自印刷刊物，一般标明出处（若经转贴，则标示 URL）。

[5] http://rthk27.rthk.org.hk/php/leetm/messages.php?id=15123&page_no=1&subpage_no=4&order=desc&suborder=desc

[6] M.Heidegger, *Was Ist Metaphysik*?(1929), quoted in R.Carnap,"The Elimination of Metaphysics through Logical Analysis of Language"(translated by Arthur Pap), in A.J.Ayer(ed.): *Logical Positivism* (The Free Press, 1959), p.69.

[7] 来自网上，见注释 [4]。（依此类推）

[8] 按一般习惯，批判示例多省略语境描绘，以免烦琐。（下不复赘）

[9] 另例（破无我论）：

"(1) 不同情地了解时，可以断定无我论者犯了自我推翻的谬误。(2) 同情地了解时，可以断定无我论者犯了概念滑转的语害。(3) 无论怎么同情地了解，当无我论者企图把无我论诠释到完全站得住脚的时候，却又会犯上言辞空废的语害了。"（《哲道行者》，276 页）

所见为无我论辩护的人当中，无一不是对语害无知，对谬误无知，对于何以任何思想包括佛家思想都必在思方学的审核范围内、何以没有任何思想包括佛家思想可以违反逻辑、何以逻辑的可靠性至高无上……全都一无所知。掌握了思方利器的人，遇到此等情境时，除非为了教育，或为了消遣，或为了其他有利因素，否则无谓与之辩，或根本无所谓与之辩。

[10] 小题大做 ≠ 小题大做的谬误。作为论证或暗含论证的小题大做才算犯了小题大做的谬误。依此类推，不赘。

[11] 待《思方第二锋》详论这种谬误。

[12] "反基督教的言论全都没有可靠的学术根据"亦非大家接受的共识。

[13] 待《思方第二锋》深入分析。

[14] http://leetm.mingpao.com/cfm/Forum3.cfm?CategoryID=2&TopicID=2061&TopicOrder=Desc&TopicPage=1

[15] B句只是鹦鹉学舌，而不是子矛子盾法的运用（参见《哲道行者》，148～149页；169页，注释［61］）。

[16] B当然"可以"接下去玩，无休无止，但这适足以暴露出B只不过是在玩弄文字把戏。

"但C也是在玩弄文字把戏呀！"

C所玩的文字把戏具有照妖镜的妙用（子矛子盾），照出B句无非文字把戏。但B句却无法照出A句是文字把戏，因为A句根本不是文字把戏，结果，B句只能成为自暴其陋的鹦鹉学舌，而不是具有照妖镜妙用的子矛子盾。

[17] Q：如果连小学生都知道什么叫做"事件"，那么，强调事件实在就多余。

S：如果连小学生都知道什么叫做"梦境"，那么，强调梦境虚幻就多余。

S就是应用了子矛子盾法去反照出Q似是而非。

[18] 附笔：谈文论学时，把"**清晰**"等同于"**通俗**"，把"**影响大**"等同于"**普及版**"，皆可定性为概念扭曲。就像把进化论叫做神创论的"通俗注脚"，把化学叫做炼金术的"普及版本"，即为概念扭曲。

[19] "石头问题"（上帝能否造出一块自己举不起的石头？）触发了字数惊

人的讨论，其中就有大量恶性言文失禁的个案，缺乏思方训练者不容易一眼看出其为错谬。

讨论"石头问题"之所以会产生大量失禁的言文，个中一大原因，乃在于对此问题的讨论需要具备起码的思方学训练（语理分析、谬误剖析及逻辑技巧等方面的起码的训练），但许多参与讨论的人却连何谓概念滑转、何谓隐含矛盾、何谓循环论证、何谓归谬法……全都懵无所知。

附　言

（1）拙文《思辩随笔》（载于《李天命的思考艺术》）的主旨，在于通过析论石头问题来提供思辩范例，而不在于探究石头问题本身。拙见认为其实无须对此问题采取定见（参见该文注释[34]）。相对于《哲道行者》所揭示出来并加以刺穿的"**33教谬**"来说，石头问题微不足道。纵使撇开石头问题以至全能问题不理，还仍然有"32教谬"摆在众目之前。单单刺穿其中的"立教5原谬"就已经足够（多于足够）把那些正统教条彻底瓦解的了，更何况总共刺穿了33教谬。

（2）纠缠于石头问题，乃至纠缠于"进化论vs神创论"的问题，其至纠缠于方舟问题，大可以是一种"避重就轻、孤点答辩、转移视线（令人暂忘32或33教谬）"的护教诡策或救亡策略而已。

（3）"即使"能够成功转移视线、孤点答辩、避重就轻，这个"轻"还是重到足以把护教者压扁。就拿"进化论vs神创论"的争拗来看，神创论者暴露了自己昧于科学法度（对于何谓假设演绎法、何谓理论定律／联应规则、何谓直接证据／间接证据、何谓可印证性／可非证性[可局部否证性]、何谓奥卡姆剃刀原则、何谓整体论进路……一概茫无所知），略言之就是不知归纳逻辑为何物。在这种赤裸裸空枪上阵的情势下，神创论者对进化论的"挑战"，焉能不是闹剧？

（4）"即使"神创论者向进化论挑战成功，使得神创论同进化论平起平坐，这仍然距离"能证实神创论成立"有千万亿兆里那么远。"即使"能证实神创论成立,这仍然距离"能为33教谬提出确当辩护"有无限个千万亿兆里那么远——换言之就是:不可能。

[20] 见《李天命的思考艺术》,191~192页。

[21] 先讲一番没有人会反对但却无补于事(无助于有效批驳)的堂皇道理,然后假装那就等于提出了有效批驳——这也是鱼目混珠之伎的一种使用。(使用这种伎俩而犯的谬误,多属于"不相干"这个大类。)

[22] 参见"断章妄",《李天命的思考艺术》,185~186页。

[23] 同上。

[24]《哲道行者》,41页。

[25] 纵使没有人反对。

[26] 参见《李天命的思考艺术》,217页。

[27] 比对"假援语境",见《哲道行者》,41页。

[28] "如是我闻"不可能"闻错"的吗?佛经文字浩如烟海,绝不"闻错"的概然率几近乎零。

[29] 非谓不可能有"X经无误:句句是真理"的个案。

[30]《哲道行者》,44页。

[31] 再提一次,见注释[4]。

[32] 即便添上所略,还是语意暧昧,除非大做手脚,进行"**语意填塞**"的大手术。

什么是语意填塞?把原文本来没有的意思硬塞进原文里,像整容师把填充物塞入顾客的身体里,就是语意填塞。

海驴:"生命不可能跨越死亡,死亡是生命的不可能。故此,在这里'不可能性'大概相当于'死亡'。"

(1)"死亡是生命的不可能。"

矫揉造作，故弄玄虚。

（2）"故此……"

胡混推理。

（3）"在这里'不可能性'大概相当于'死亡'。"

"不可能性"没有"死亡"的意思。硬说有，就是语意填塞。

（4）如果"不可能性"大概相当于"死亡"，那么，"死亡是生命的不可能"就大概相当于"不可能性是生命的不可能"。

"不可能性是生命的不可能"这种话，不像人话，除了是驴话还有什么可能？

（有的脑袋，长在身体的任何部位都可能，除了长在正常的部位不可能。）

附笔一：

存世≠传世。略言之，越古，出版越难，出版物传世的比率越高。在今天这个网络时代，只要是人（甚至驴）都可以随意发表随口吐，而越是如此则越多朝生暮死、转瞬烟灭的"伟论"，传世的比率也就越低。科盲说："我已经反复批判过量子论了。"像这种性质的妄言，随时可以在网上发表，容易得很（零难度）。对付乱吠求名的竖子，知识界文化界一向颇有心照不宣的**隐默共识**，那就是："不提求名竖子之名。"

拙作通常（≠永无例外）遵循这条工作守则。

附笔二：

一堆蛤蟆在泥沼里呱呱喧哗，每只都扬言要"**挑战云鹤**"。只有碰巧很饿的时候，云鹤才会飞下去随意啄食几只，然后继续自己的行程。凡蛤蟆都吃的，不是云鹤，是蛇。

（仅有少数蛤蟆能够完成供鹤食用的使命——参考下文"关乎鸡脑"那个分节。）

[33] 海驴："（批评者）指责海氏本身刻意把语言弄得晦涩非常。就这点而

言，我是同意的。以《存在与虚无》一书的艰涩程度，我想我比很多人更（有）资格去非议的——起码我确确实实地认真读过。"

小资料：

海氏此生，1889年开始存在，1976年以后虚无，其由存在到虚无的一生中，确确实实从没生产过一部叫做《存在与虚无》的书。《存在与虚无》是法国哲学家沙特的代表作。德国哲学家海德格尔的代表作叫做《存有与时间》。

[34] 学混将此等陈述用做口头禅，充做权威论据，当然不等于凡是作出此等陈述的就是学混。

[35] 余×豪（姓保留，名半略——隐默共识，见注 [32]）：《语理分析是绝世武功？》，载于2000年4月20日《时代论坛》（在下边的附件中简称为《功？》）。这篇与耶皮护教（见《哲道行者》，227~230页）同声气的文章，作为反面教材，除了暴露出此处所批的"学混劣性"，还有其**剩余价值**，就是暴露出后文（附件）所批的"盲评劣质"。

[36] 见《李天命的思考艺术》，91~94页。

[37] 据"拙目"所见，这种盲相公只在网上出现。但下一小节所批的盲相公（认为"宇宙间没有客观真理"）就常见得多，而且古已有之。

[38] 如实的陈述＝真确的陈述。真确的陈述称为"真理"，其所表达的道理或事相亦称为"真理"。见下文简释 truth。

附笔："从 A 的观点看，B 最好看"、"相对于 A 的观点来说，B 最好看"，这本身不是相对的。

[39] "所谓的'厘清'，根本没法有客观标准可言，其性质是相对的，最终要谈厘清与否是没有准则的，可以相同条件而结论不一，全按讨论者的主观意见而定。"（见于网上）

这种实质一样、只是用词稍异的"变相蛮相公"，以子矛子盾法刺穿，易如反掌，见正文，不赘。

（另参"赋能进路"：见《哲道行者》，152～160页；《从思考到思考之上》，54～56页；《破惘》，178～179页；并见下文论"思想残废"及其注释 [42]。）

[40] 见于网上。

[41] 见《哲道行者》&《从思考到思考之上》。

[42] 要判定是否清晰／是否合理／是否相干／是否充分／是否滥索滥问……终究要凭赋能进路（见下文"统括"部分）。

"但当滥索滥问的人硬说自己的索问不算滥时，怎么办呢？"

可参看"胜（负）"的两个意思（《哲道行者》，269～270页）。

[43] 当今反智赖潮泛滥（见下文），龟缩主义是藏于其中的思想内核（四种相公思路）之一。

[44]《从思考到思考之上》批判了当世四大盲潮：极端相对主义、伪专管理主义、滥人权主义、宗教霸权心态。

极端相对主义**反智**，伪专管理主义**假智**，滥人权主义**假义**，宗教霸权心态**假仁**。

整个反智赖潮的主调就是极端相对主义，其中"权界定真"（见下文）这一赖招的根底则是极端相对主义加上滥人权主义。

[45]《圆教·逻辑》（1978年），《李天命的思考艺术》（1991年），《哲道行者》（2005年）。其中《圆教·逻辑》最早运用子矛子盾法，《李天命的思考艺术》则予以定名，《哲道行者》就为之总括成两种形态：针锋型&顺势型。

[46] 无论x是什么（人／神／狮子／逻辑／科学／风车／风……），仅仅张大嘴巴说"我挑战x"，这可能反映出"自卑／虚妄／可笑"的性格，而不能提高自己的资格——除了有时可增强入住精神病院的资格。

[47]《量子主体的探戈》，《信报》副刊专栏《繁星哲语》，2006-04-06。

[48]《量子与性空缘起》，《信报》副刊专栏《繁星哲语》，2006-02-10。

[49] （A1） $\Pi x \Pi y [Cxy \rightarrow Cyx]$

(A2) $\Pi x\Pi y\Pi z[(Cxy\&Cyz) \to Cxz]$

(A3) $\Pi x\Sigma yCxy$

(A4) $\Pi x\Pi y\Pi z[(Exy\&Eyz) \to Exz]$

(A5) $\Pi x \sim Exx$

(A6) $\Pi x\Pi y[Exy \to \Sigma z(Exz\&Ezy)]$

(A7) $\Pi x\Sigma yExy$

(A8) $\Pi y\Sigma xExy$

(A9) $\Pi x\Pi y[(Cxy\&Exy) \to (x = y)]$

(D1) $gen(x,y) = df\ ExyVEyxV(x = y)$

(A10) $\Pi x\Pi y\Pi z[(Exz\&Eyz) \to gen(x,y)]$

(A11) $\Pi x\Pi y\Pi z[(Ezx\&Ezy) \to gen(x,y)]$

(D2) $W(\Phi) = df\ \Sigma x[\Pi y(\Phi y \equiv gen(y,x))]$

(D3) $WS(\Psi) = df\ \Sigma\Phi[W(\Phi)\&\Pi x\Pi y(\Psi xy \equiv (Exy\&\Phi x\&\Phi y))]$

(A12) $\Pi\Psi[WS(\Psi) \to \Pi\Phi\Pi\Omega[\Pi x\Pi y((\Phi x\&\Omega y)\to \Psi xy)\to \Sigma z\Pi x\Pi y[(\Phi x\&\sim(x=z)\&\Omega y\&\sim(y=z))\to(\Psi xz\&\Psi zy)]]]$

由于A1-A12，因此《心经》就具备了爱因斯坦广义相对论的拓扑学基础。

说明：

刚才所谓的"由于A1-A12，因此……"，只是笔者在胡说八道，不过与Z的胡说八道大异其趣。

第一，"由于A1-A12，因此……"是故意胡诌，开玩笑，旨在局部反映出Z的胡诌；相反，Z却是煞有介事，完全反映出自己的心脑特质。

第二，"由于A1-A12，因此……"语意清晰，清晰地错（修读过拙讲"高等逻辑／数理逻辑／符号逻辑"的A至B级水平者，该能看出A1-A12逻辑语意清晰——不过那个"由于……因此……"则是清晰地信口雌黄）；反之，Z之言却是极度语意暧昧，暧昧地信口雌黄。

[50] 此处之批，点到即止。深批或待日后，若无所事事的话。

[51] 此理大致同样适用于以下三小节。

[52] 若不容于当局，那可能是当局有毛病，而绝非子矛子盾法有毛病。

[53] 当然是就正常而言（vs"用胶布封嘴"、"弄哑自己"……）。

[54] 有时可从语境分辨有关陈述是否是一个略去了"所有／每个／任何／一切"等全称量词的省节全称陈述。按：修辞全称 ≠ 逻辑全称。

[55] 大致可纳入偷换论题这个谬误类中。

[56] 一位水平很高的朋友所贴出的善言。

[57] 或亦可视为其思路犯了不相干的谬误。

[58] 理性 = 确当思考的能力。

所谓"理性排斥感性"、"理性冷酷无情"之类的论调，显然无稽：有何根据说确当思考的能力排斥感性？有何根据说确当思考的能力是冷酷无情的？

[59] 思方盲声称："凭着理性来论证'理性是终极可靠的'，是循环论证。"无怪乎为思方盲。

凭着脑袋来论证"脑袋是生存所必需的"，就是循环论证？

（循环论证是一种论证，论证由判断组成，因此，循环论证由判断组成。由此可见，凭着理性这种能力去论证"理性是终极可靠的"这个判断，并非循环论证。）

（同理，循着赋能进路去论证"赋能进路是终极可靠的"这个判断，并非循环论证；甚明。）

[60] 可据概然性评估而不取"若非资料讹误就是概念扭曲"之类较复杂的表述。依此类推。

按："情爱宗教"的"宗教"，是个比喻的说法；详见《从思考到思考之上》，17页。不同的是，"理性是一种宗教"这个论调却旨在断言在可信性上理性与一般的宗教无别。

[61] 参见《哲道行者》，82~83页。

[62] 参见标准逻辑 vs 含存在公理的公理集论（例如，参考幂集公理及其与坎陀定理并联后的逻辑归结）。此中涉及的问题比较专深，待《逻辑，此之谓》析论。

[63] 概念可喻做思想的原子，精要的概念专词更可视为最重要的思想结晶。例如数学术语，掌握好了即可节省精力，免却每次涉及有关问题时都要依赖从头讲解，浪费时光。

[64] 义骂是义工的一种，义录也是义工的一种。不同的是，"义录"可比"义骂"省事得多。例如：

http://leetm.mingpao.com/cfm/Forum3.cfm?CategoryID=2&TopicID=2496&TopicOrder=Desc&TopicPage=1&OpinionOrder=Asc&OpinionPage = 2

fai

2002–11–10 00：08：40

大家对此书（《语理分析的思考伪术》）的意见如何？

一人一脑

2002–12–03 11：06：04

Sniper评此"书"之作者为"狮子身上虫"，心沉指出这叠纸张"不值一提"，本人同意，但为免其他人被fooled（见Benson之叹），还是要提一提。此"书"第26页这样征引别人的说话："'你所说的"X"是什么意思？'这样的问法，正是语理分析最鲜明尖锐的标记（语法18）。凭着这样的问法……很容易把别人的言论三两下子分析批驳到体无完肤（李术33）"——

(1) **移花接木**：短短一段引述竟然混杂、捏合了三句来源不同的说话，前一句来自《语理分析的思考方法》，后一句来自《李天命的思考艺术》，中间一句"凭着这样的问法……"却是狮子身上虫偷运进去的。

（2）瞒天过海：此虫移花接木后再进一步瞒天过海，因为所引的"很容易……体无完肤"这句话根本不是李先生说的，而是访问李先生的人说的。臭蛋不须全个吞下已知其臭，这就是了。

（义节录毕）

[65] 这是思想方面窝囊，不妨叫做"思囊"。性格方面窝囊呢？硬要类推的话，只好叫做"性囊"。性囊包括译囊，比如认为作品必须译成外语，"进入国际"。

殊不知：

（1）从"虚荣"的角度看，释迦、孔子、老子、耶稣、苏格拉底等人，身后多久，其言教才译成外语？

（2）从"会计"的角度看，国外霸权仍在，杰作外译可能"教精"别人，垃圾外译会贻笑大方。

（3）从"历史"的角度看："国际年年有，历史漫漫长。纵然是名副其实的国际，也逃不过'历史淘汰国际'这条时间森林规律，何况只是按摩院国际、茶餐厅国际之类的学混国际乎？"（《哲道行者》，83页）

（4）从"蛇精"的角度看："若要写作的话，第一是为所爱者而写，第二是为了自娱而写，第三是为生活小费而写，最后是为了心可相通者而写。至于历史长河，只有虚妄愚痴之辈才会'为历史长河而写'。"（李天命：《人文动物园童话》，《明报月刊》，2001年6月号）

（5）最后，从"天婴"的角度看："见当地为小，见国际为小，见当世为小，甚至见历史为小，只见天地为大，此之谓胸无上大。"（见"养心篇"）

附件

废评与盲评

一、废　评

思方、逻辑、数理，乃天下之公器。要批评这些公器的话，就要具体指出哪些地方有错谬或有弊病，而不是尽在外围发空炮、讲废话。

（A）只不过

废评："你所讲的方法只不过是一种方法！"

针锋："你所说的'只不过'只不过是'只不过'！"

*

另一版本——

废评："我对思方学的批评就是：思方学只不过是一件利器，用得不当就没有用！"

针锋："我对这种批评的批评就是：'只不过'只不过是一个词语，用得滥了就是滥用！"

（B）万能侠

废评："我对逻辑的评断就是：逻辑不是万能的！"

评评："我对这种评断的评断就是：这种评断既是万能的又不是万能的。

（1）这种评断是万能的——因为可以拿来'评断'一切学问：哲学不是万能的数学不是万能的物理学不是万能的生物学不是万能的医学不是万能的工程学不是万能的文学不是万能的佛学不是万能的神学不是万能的……

（2）这种评断不是万能的——因为只有基督教的上帝和电影中的万能侠才是万能的。"

二、盲　评

分析哲学走向烦琐零碎，少受用性；欧陆哲学陷于暧昧空废，缺受用性。拙作对此早有微词，见《李天命的思考艺术》其中一篇访问稿（14～15页）。

拙作建构语理分析，就是要"**使之独立于任何哲学门派——脱离分析哲学的潮流起伏——甚至超出整个哲学的领域**，可适用于所有思想性的问题而不限于哲学的范围内。"（同上，56～57页）

思方盲批评思方学，娱乐性例必丰富。其对语理分析的"批评"，最常见者不脱下述两款模式（"运思篇"注［35］提到的那篇简称为《功？》的文章，两款俱备）。

（A）刺稻草人

这就是首先歪曲语理分析，然后攻击这种不是语理分析的"语理分析"，于是就当做批判了语理分析。这在思方学中叫做刺稻草人，也就是无的放矢，攻击空气。

例 1

诬称语理分析的主旨在于强调"含糊不清、逻辑反驳等东西都是谬误"。（见《功？》）

批：

第一，语理分析批判语害，谬误剖析批判谬误。对谬误的批判根本不是语理分析的主旨所在。

第二，"以逻辑反驳谬误"可说得通，"逻辑反驳是谬误"则完全不通。

第三，谬误是思维方式上的错误，反之，含糊不清、不知所云的言辞却连"错误"这个资格也没有，因为这种言辞根本没有真假对错可言。所谓"含糊不清……是谬误"，不外信口开河。

例 2

诬称"一方面物理学承认物质之存在，可是以量子而言，却没有东西存在！若以'逻辑'、'语理'而论，这些是自相矛盾、暧昧不明的命题"。（见《功？》）

批：

第一，"以量子而言，却没有东西存在！"这是科盲胡诌，可以不理，此处只考察思方盲胡诌，如下。

第二，自相矛盾的陈述，必然为假。称得上真假的陈述，叫做命题。暧昧不明的陈述，既非真，亦非假，而是称不上真假。所谓"这些是自相矛盾、暧昧不明的命题"，蕴涵着说"这些是必然为假的、称不上真假的称得上真假的陈述"。这个说法严重自打嘴巴，说者的脑袋可能有严重问题。

(B) 胡混推理

有关的胡混推理这样进行（见《功？》）：

(1) 有些学者批评过分析哲学，所以分析哲学是有毛病的；

(2) 既然分析哲学有毛病而分析哲学和语理分析都"追求清晰"，所以语理分析也是有毛病的。

批：

(1) 伪托权威的谬误

以上的第(1)项犯了伪托权威的谬误，不过这点可以放过不理，因为即使分析哲学有毛病，也不能由此推论语理分析同样有毛病。理由如下。

(2) 张冠李戴的谬误

以上的第(2)项犯了（且名之为）张冠李戴的谬误，可归入推论失效的谬误这个巨类之内。以下稍作例释——

"狗和人都是动物，狗有尾巴，因此人也有尾巴。"这样的推论即犯了张冠李戴的谬误。

同理，纵使分析哲学和语理分析都"追求清晰"，也不能由此推论"当分析哲学具有其他某种性质（比如烦琐零碎）时，语理分析也有该种性质"。这样的推论恰恰犯了张冠李戴的谬误。

譬如，甲和乙都"追求清洁"，甲每天洗澡10次；由此推论乙也每天洗澡10次，那就犯了张冠李戴的谬误。

同样，纵使盲评者和孙行者"都是众生"，也不能由此推论"当盲评者具有'头长角，笨如牛'的性质时，孙行者也有该种性质"。以为可以如此推论，可能正是头长角、笨如牛者的一种性质呢。

第II部　玩创意

> 创意思考最大的秘诀就是：
> 主动探索可能性。
>
> ——《哲道行者》

引语：一字记之曰变

一个文化的创造力，若能评估的话，最佳的评估标准莫如计算一下：人类正享用着的思想结晶、科学成果、政经建设和艺文作品等，有多少是来自那个文化的？

*

一方面活泼大胆、一方面脚踏实地的文化，多有创造力；一方面迂腐盲从（缺批判思考作根基）、一方面虚假浮夸（具肉麻文艺腔作底子）的文化，则罕有或甚至没有创造力。

人亦如是。

(A) 统绪：思方第五环

思方学
{
1. 语理分析
2. 谬误剖析
3. 逻辑技巧
4. 科学法度
5. 创意策略
}

·1·

思方学总共有五个环节，不多也不少，[66] 构成了"**五环系统**"。

·2·

思考通常分为两大类型：（1）批判思考，（2）创意思考。[67]
批判思考的作用在于判别真假对错，旨在认知真理；创意思考的作用在于提出饶有价值的新意念，旨在创作发明。

·3·

人类生存必须掌握一定的知识（属于真理范畴），必须在一定程度上能够分辨真理与谬误（错误足以致命）；至于提出饶有价值的新意念，则是次一步的、往往是行有余力才做的事。就此而言，批判思考是首要基础，是第一步；创意思考是更上层楼，是进一步。

·4·

在"追求真理"的路途上，语理分析廓清概念迷混，谬误剖析破斥思维悖妄，逻辑技巧探索必然真理，科学法度探索概然真理。简言之，思方五环的前四个环节俱为引领批判思考而设的。

·5·

思方学第五个环节——创意策略——剔除一般所谓"创意方法"的各种无用的花招（例如："思考某类问题就戴上某种颜色的帽子……"之类，"通过听音乐、看图画、玩角色扮演……去激发创意"之类，"什么什么问题要用左脑来思考，什么什么问题要用右脑来思考……"之类），把真正受用的创意策略制定成两个基本型格——拙作名之为"组合格"和"转换格"。

· 6 ·

思想由概念构成。创意思考的关键就在于字词概念的组合转换，万变不离其宗，一字记之曰变。[68]

（B）论诗：笔落惊风雨

· 1 ·

欲提升组合转换字词概念的能力，最好就是玩作诗，既可自娱（有自足价值），又能长养创意（有工具价值）。

· 2 ·

胡乱作诗，或可自娱，但无助于长养创意——谁不会把字词概念胡乱拼凑？

· 3 ·

诗之高下，系于（姑名之为）**五大诗关**：

(1) 富原创性 vs 陈腔平庸
　　诗贵原创性，最忌已唱过万千次的平庸陈腔。

(2) 精炼优美 vs 臃肿松散
　　诗贵文辞精炼、结构优美，最忌臃肿松散又长又臭——少一字无所谓，少一句无所谓，少一段无所谓，甚至少了全篇更好，在信息泛滥的时代不失为善举。

(3) 凝邃蕴蓄 vs 浮露滥情

诗贵凝邃蕴蓄，着重隐喻、暗示、空灵、留白、想象空间；最忌张口见喉式的浮露，爱呀泪呀要生要死呀之类的流行曲滥情。

(4) 妙然可感 vs 矫揉癖涩

诗可以单单侧重可感而并不完全可解。

读逻辑、数学、科学，要用理性；读诗，要以感性——以感性领会诗里的意象、意境、意趣。

诗贵妙然可感，最忌矫揉癖涩。

何谓矫揉癖涩？

设想有部"艺术电影"没头没脑地大特写一枚铁钉达一分钟之久，观众莫名其妙，原来是导演曾被人用铁钉虐待过，其后一见铁钉就会激动到口吐白沫，于是推想大特写一枚铁钉就能引起观众共鸣，这样从罕僻经验或个人怪癖来进行谬误推想，且称之为"**主观癖想**"。主观癖想一旦加上"矫揉造作、伪装高深、为晦涩而晦涩"的虚饰，就是此处所称的"矫揉癖涩"了。

(5) 寓理于境 vs 空头抽象

高度抽象是高层次思考的特征。抽象程度越高，普遍性越大，适用范围越广。在所有学问当中，逻辑、其次数学、再其次物理学，最为抽象。这些学问具体落实的过程，就是由普遍到个别、由抽象原理到分殊应用的过程。

反之，纯文学着重给出具体的抒情或记叙，给出对事物的形象描绘或对理境的形象化描绘，从而暗示、引导、含蓄指向、隐约烘托出抽象意念，而鲜有直述抽象意念者。[69]

透过这些艺术手法而令人感到（比如说）"人生毕竟是有意义的"、"善恶到头终有报"、"我佛慈悲"、"上帝爱世人，有人下地狱，赞美主"……这是文学；只充斥着这些大道理语句的，是学生习作，或是我童年看电影时，四周的公公婆婆经常发出的即兴影评（特别是"善恶到头终有报"这句）。

纯诗乃纯文学中的纯文学。从一粒沙见天地，从一朵花见永恒，此之谓诗魂。

· 4 ·

杜甫说："笔落惊风雨，诗成泣鬼神。"富原创性、精炼优美、凝邃蕴蓄、妙然可感、寓理于境的顶级诗篇，该是如此。反之，那些陈腔平庸、臃肿松散、浮露滥情、矫揉癖涩、空头抽象的诗，想必神憎鬼厌。

(C) 论解：诗成笑呵呵

· 1 ·

玩创意，玩作诗，若能"诗成泣鬼神"，固然是意外收获，喜出望外，而即使不能（通常当然不能），起码也要要求自己制作出一些可观赏的对象，以免神憎鬼厌。

· 2 ·

当我们撇开一切利害关系，[70] 不附带任何功利目的，不管实际用途如何，只是纯粹欣赏一件产品时，我们就是采取了"观赏态度"，把该产品视为观赏的对象。

当观赏者把某件产品看成观赏对象时，大略言之，对观赏者来说，那就是一件艺术品。

· 3 ·

诗是一种艺术品。有些艺术品（器乐、抽象画，等等）的主旨在于妙然可感，而不在于可解（有关的解说每每不外穿凿附会）。诗也可以（虽非必须）是这样的一种艺术品。

此所以上文说：诗可以单单侧重可感而并不完全可解。

许多认为自己不懂现代诗的人，其"不懂"其实只是来自**错误预设**，以为必须了解一首诗表达了什么哲理或说了个什么故事之类才算了解了那首诗，殊不知诗也可以像器乐或广义抽象画一样，主旨在于妙然可感，而不在于表达什么哲理或说个什么故事之类。

· 4 ·

过于求解，反而不解。[71]

· 5 ·

正由于某类诗、器乐、广义抽象画等等的主旨在于可感而不在于可解，结果就很容易产生鱼目混珠、矫揉癖涩之作。这是无可奈何的。是否妙然可感与是否逻辑对确，本来就有天渊之别——是否妙然可感本来就不容易分辨，既关乎问题的本质，亦系乎鉴赏者在这方面的天分（想象力、善感度等）以及经验和学养。

可幸的是，是否妙然可感虽然界线模糊，但仍不至于全无界线。拙见以为，音乐的高下之分，比较上最明确（模糊中的明确），最不容易蒙混；抽象画……的高下之分，比较上最模糊（模糊中的模糊），因而最容易蒙混；[72] 现代诗则介乎两者之间。

· 6 ·

这个时代，可形容为"几乎没有人读诗"的时代——写诗的人已濒临绝种，但似乎仍然要比读诗的人多。[73]

当世的"即食文化"使人趋向肤浅自满，拒绝学习欣赏需要经过学习才会懂得欣赏的事物，例如诗。但另一方面，写诗的人自己也不争气，写不出能吸引精英阶层／知识阶层来欣赏的佳作——其产品通常要么臃肿松散、矫揉癖涩（**朦胧派**），要么臃肿松散、陈腔平庸、空头抽象、浮露滥情（**唱游派**）——把"若非呆笨庸滥就是故弄玄虚"的散句分行并排，像串烧蚯蚓那样串起来就叫做"诗"，无怪乎生产出来之后总似石沉大海，无人理睬。

· 7 ·

有关人等所写的东西没有人看，就美其名曰"严肃文学"。殊不知所有不朽的文学作品都是大受欢迎、在知识分子之间广泛流传的杰作。[74]

· 8 ·

兴趣可能人各不同，但喜欢得到欣赏则人人相同。有些作者出了诗集，没有读者时就说毫不介意没有人看，但果真如此的话，何须发表？演讲、演唱、演奏、演戏、演舞、溜冰表演、体操表演、特

运思篇

技表演……哪个演出者会真的毫不介意没有观众？出版了书或发表了文章却扬言不介意没有人看，很不真实，很不健康。

· 9 ·

这种不真实、不健康的态度该要改变，变为采取这样的态度：

承认喜欢得到欣赏，但纵使得不到欣赏也不会完全失望，更不会深深沮丧，因为只要已经尽过力"玩创作"，工作成果总可以自己来欣赏一番，更可贵的是整个过程大可以具有"自娱"的价值。

· 10 ·

以下玩作诗，有关的游戏规则就是要设定一些高难度（某些难度颇高，某些难度奇高）的限制。练轻功时，一旦在负重情况下依然能够跳跃自如的话，到解除了负重之后，其功力就可想而知。

整体而言，既然按照故意自我设限的规则来玩，当然不可奢望产品全都能够达到"富原创性、精炼优美、凝邃蕴蓄、妙然可感、寓理于境"的高难度指标，但只要能够或多或少创出一些语言新秩序，作出一些可惊喜的文辞新联结，带出一些佳胜的意象、意境、妙趣，那就理该心满意足了。

玩作诗，可以是而不必次次都是认真作诗。不求诗成泣鬼神，只要诗成笑呵呵。

一、变形乐

创意思考最大的秘诀就是主动探索可能性

诗有多少种可能性这个问题是没有答案的
不算优美不算动人不算凝邃不算深刻的诗
只消有新意有佳趣有妙点也可以成为好诗
关键就在于从既有的诗框之中作出可喜的突破

(A) 呼 号 诗

· 1 ·

先欣赏一下以下所引录的（当然非我所写的）几首诗，或跳读或略读或细读或反复诵读，悉随尊意可也。

这是一个懦怯的世界

这是一个懦怯的世界：
　容不得恋爱，容不得恋爱！
披散你的满头发，
赤露你的一双脚；
　跟着我来，我的恋爱，
抛弃这个世界，
殉我们的恋爱！

我拉着你的手，
爱，你跟着我走；
　听凭荆棘把我们的脚心刺透，
　听凭冰雹破我们的头，
你跟着我走，

我拉着你的手，
　　逃出了牢笼，恢复我们的自由！

　　跟着我来
　　我的恋爱！
人间已经掉落在我们的后背，——
看呀，这不是白茫茫的大海？
白茫茫的大海，
白茫茫的大海，
　　无边的自由，我与你与恋爱！

顺着我的指头看，
那天边一小星的蓝——
　　那是座岛，岛上有青草，
　　鲜花，美丽的走兽与飞鸟；
快上这轻快的小艇，
去到那理想的天庭——
　　恋爱，欢欣，自由——辞别了人间，永远！

我等候你

我等候你。
我望着户外的昏黄
如同望着将来，
我的心震盲了我的听。

你怎还不来？希望
在每一秒钟上允许开花。
我守候着你的步履，
你的笑语，你的脸，
你的柔软的发丝，
守候着你的一切；
希望在每一秒钟上
枯死——你在哪里？
我要你，要得我心里生痛，
我要你的火焰似的笑，
要你的灵活的腰身
……（下略）

活 该

活该你早不来！
热情已变死灰。

提什么已往？——
骷髅的磷光！

将来？——各走各的道，
长庚管不着"黄昏晓"。

爱是痴，恨也是傻；

谁点得清恒河的沙?

不论你梦有多么圆,
周围是黑暗没有边。

比是消散了的诗意,
趁早掩埋你的旧忆。

这苦脸也不容装,
到头儿总是个忘!

得!我就再亲你一口:
热热的!去,再不许停留。

· 2 ·

选择题:以上几首诗出自何处?
(a) 自由网站,不知名作者,人、猫、狗都可能。
(b) 手机短讯,不知名作者,人、猫、狗都可能。
(c) 诗人徐志摩。
答案:(c)。

· 3 ·

比"口号诗"更上层楼的"呼号诗",每每令人厌恶,因为虚假;而且令人毛骨悚然,因为肉麻。

·4·

刚才只是说"每每",而没有说"通通",因为有例外。比如下边所录的一首,那是毛泽东的爱将郭沫若的大作,依拙见评估,此诗不属虚假,而且也不算肉麻。要比较的话,拙见甚至认为此诗的价值远胜前录的几首,因为好笑。

天　狗

我是一条天狗呀!
我把月来吞了,
我把日来吞了,
我把一切的星球来吞了,
我把全宇宙来吞了。
我便是我了!

我是月底光,
我是日底光,
我是一切星球底光,
我是X光线底光,
我是全宇宙底Energy底总量!

我飞奔,
我狂叫,
我燃烧。
我如烈火一样地燃烧!

我如大海一样地狂叫!
我如电气一样地飞跑!
我飞跑,
我飞跑,
我飞跑,
我剥我的皮,
我食我的肉,
我嚼我的血,
我啮我的心肝,
我在我神经上飞跑,
我在我脊髓上飞跑,
我在我脑筋上飞跑。

我便是我呀!
我的我要爆了!

(B) 婆婆诗

·1·

现在继续欣赏诗人徐志摩的另几首诗,或跳读或略读或细读或反复诵读,悉随尊意可也。

车 上

这一车上有各等的年岁,各色的人:

有出须的，有奶孩，有青年，有商，有兵；
也各有各的姿态：傍着的，躺着的，
张眼的，闭眼的，向窗外黑暗望着的。

车轮在铁轨上辗出重复的繁响，
天上没有星点，一路不见一些灯亮；
只有车灯的幽辉照出旅客们的脸，
他们老的少的，一致声诉旅程的疲倦。

这时候忽然从最幽暗的一角发出
歌声；像是山泉，像是晓鸟，蜜甜，清越，
又像是荒漠里点起了通天的明燎，
它那正直的金焰投射到遥远的山坳。

她是一个小孩，欢欣摇开了她的歌喉；
在这冥盲的旅程上，在这昏黄时候，
像是奔发的山泉，像是狂欢的晓鸟，
她唱，直唱得一车上满是音乐的幽妙。

旅客们一个又一个的表示着惊异，
渐渐每一个脸上来了有光辉的惊喜：
买卖的，军差的，老辈，少年，都是一样，
那吃奶的婴儿，也把她的小眼开张。

她唱，直唱得旅途上到处点上光亮，

层云里翻出玲珑的月和斗大的星,
花朵,灯彩似的,在枝头竞赛着新样,
那细弱的草根也在摇曳轻快的青萤!

爱的灵感

不妨事了,你先坐着罢,
这阵子可不轻,我当是
已经完了,已经整个的
脱离了这世界,飘渺的,
不知到了哪儿。仿佛有
一朵莲似的云拥着我,
(她脸上浮着莲花似的笑)
拥着到远极了的地方去⋯⋯
唉,我真不希罕再回来,
人说解脱,那许就是吧!
我就像是朵云,一朵
纯白的,纯白的云,一点
不见分量,阳光抱着我,
我就是光,轻灵的一球,
往远处飞,往更远的飞;
什么累赘,一切的烦愁,
恩情,痛苦,怨苦,全都远了,
就是你——请你给我口水,
是橙子吧,上口甜着哪——

就是你，你是我的谁呀！
就你也不知哪里去了：
就有也不过是晓光里
一发的青山，一缕游丝，
一瞖微妙的晕；说至多
也不过如此，你再要多，
我那朵云也不能承载，
你，你得原谅，我的冤家！……
（太长，下略）

这年头活着不易

昨天我冒着大雨去烟霞岭下访桂；
　　南高峰在烟霞中不见；
　　在一家松茅铺的屋沿前
　　我停步，问一个村姑今年
翁家山的丹桂有没有去年时的媚。
那村姑先对着我身上细细的端详；
活像只羽毛浸瘪了的鸟，
我心里想，她一定觉得蹊跷，
在这大雨天单身走远道，
倒来没来头的问桂花今年香不香！

"客人，你运气不好，来得太迟又太早：
　　这里就是有名的满家弄，

往年这时候到处香得凶，
这几天连绵的雨，外加风，
弄得这稀糟，今年的早桂就算完了。"

果然这桂子林也不能给我欢喜：
枝上只见焦萎的细蕊，
看着凄惨，咳，无妄的灾，
为什么这到处是憔悴？——
这年头活着不易！这年头活着不易！

· 2 ·

人一旦变成了公公婆婆，说话往往啰啰唆唆。陈腔平庸、臃肿松散的诗，正像公公婆婆在那里啰啰唆唆。这种诗适宜叫做"公公诗"或"婆婆诗"。但为免"公公诗"被误以为必须是太监所作，故决定称之为"婆婆诗"。

· 3 ·

人一旦变成了公公婆婆，每多喜欢讲故事，或沉浸在回忆里伤感，或唉声叹气地说"这年头活着不易！"以下（当然非我所写的，**我一字不改，只是把分行并排的"诗形"转换成为句行连排的"文形"罢了**）就来听听年轻的公公讲故事／沉浸在回忆里伤感／唉声叹气地说"这年头活着不易"吧——或跳读或略读或细读或反复诵读，悉随尊意可也。

车　上

　　这一车上有各等的年岁，各色的人：有出须的，有奶孩，有青年，有商，有兵；也各有各的姿态：傍着的，躺着的，张眼的，闭眼的，向窗外黑暗望着的。

　　车轮在铁轨上辗出重复的繁响，天上没有星点，一路不见一些灯亮；只有车灯的幽辉照出旅客们的脸，他们老的少的，一致声诉旅程的疲倦。

　　这时候忽然从最幽暗的一角发出歌声；像是山泉，像是晓鸟，蜜甜，清越，又像是荒漠里点起了通天的明燎，它那正直的金焰投射到遥远的山坳。

　　她是一个小孩，欢欣摇开了她的歌喉；在这冥盲的旅程上，在这昏黄时候，像是奔发的山泉，像是狂欢的晓鸟，她唱，直唱得一车上满是音乐的幽妙。

　　旅客们一个又一个的表示着惊异，渐渐每一个脸上来了有光辉的惊喜：买卖的，军差的，老辈，少年，都是一样，那吃奶的婴儿，也把她的小眼开张。

　　她唱，直唱得旅途上到处点上光亮，层云里翻出玲珑的月和斗大的星，花朵，灯彩似的，在枝头竞赛着新样，那细弱的草根也在摇曳轻快的青莹！

爱的灵感

　　不妨事了，你先坐着罢，这阵子可不轻，我当是已经完了，已经整个的脱离了这世界，飘渺的，不知到了哪儿。仿佛有一朵莲似的云拥着我，（她脸上浮着莲花似的笑）拥着到远极了的地方去……

　　唉，我真不希罕再回来，人说解脱，那许就是吧！我就像是朵云，一朵纯白的，纯白的云，一点不见分量，阳光抱着我，我就是光，轻灵的一球，往远处飞，往更远的飞；什么累赘，一切的烦恼，恩情，痛苦，怨苦，全都远了，就是你——请你给我口水，是橙子吧，上口甜着哪——就是你，你是我的谁呀！就你也不知哪里去了：就有也不过是晓光里一发的青山，一缕游丝，一瞖微妙的晕；说至多也不过如此，你再要多，我那朵云也不能承载，你，你得原谅，我的冤家！……

（太长，下略）

这年头活着不易

　　昨天我冒着大雨去烟霞岭下访桂；南高峰在烟霞中不见；在一家松茅铺的屋沿前我停步，问一个村姑今年翁家山的丹桂有没有去年时的媚。

　　那村姑先对着我身上细细的端详；活像只羽毛浸瘪了的鸟，我心里想，她一定觉得蹊跷，在这大雨天单身走远道，倒来没来头的问桂花今年香不香！

　　"客人，你运气不好，来得太迟又太早：这里就是有名的满家弄，往年这时候到处香得凶，这几天连绵的雨，外加风，弄得这稀糟，今年的早桂就算完了。"

　　果然这桂子林也不能给我欢喜：枝上只见焦萎的细蕊，看着凄惨，咳，无妄的灾，为什么这到处是憔悴？——

　　这年头活着不易！这年头活着不易！

（C）不着一字

　　刚才把分行并排的"诗形"转换成为句行连排的"文形"，一字不改;现在逆向行之,把句行连排的"文形"转换成为分行并排的"诗形"(包括所谓"图像诗"的诗形),一字不改。

· 1 ·

规限越多难度越高,难度高有助于练功力。玩这种**"不着一字即成诗"**的游戏时,可规限(各人自定)所取用的文句不许来自文学作品,这是一种难度;规限所取用的文句定要来自所批判过的作者,这是另一种难度;规限所取用的文句定要来自第一章,这是再一种难度。

德·波诺是拙著批判过的作者之一(例如,批"江湖学者近视鸡",《哲道行者》,182~183页),从他的《水平思考法》第一章那里取出一句:"大家都遇到过这一类难题,山穷水尽,柳暗花明,突然发现答案竟是简单得出奇的经验。"[75] 用其部分而一字不改,不着一字就已经足够玩"变形乐"这种游戏的了——也就是变出了(不必包括题目,下同)这首变形诗:

禅　悟

山穷水尽
柳暗花明

突然

发现答案
竟是

简单得

出奇

从同一部书的同一章里取另一句子的一些部分:"……一只多足的蜈蚣……手忙脚乱、应接不暇；在困惑之间，举步维艰。"[76] 同样可以变出一首变形诗来：

蜈　蚣

一只多足的
　　　蜈蚣
　手忙脚
　　　乱
　　　　应
　　　接
　　　　不
　　　暇
在困惑之间
　　　举
　　　　步
　　　维
　　　　艰

以上两首变形诗，当然没有什么了不起，但似乎起码胜过前文引录徐氏的那些呼号诗和婆婆诗（参考前述五大诗关），至少毫不冗长，不会浪费阅读时间；而且毫不肉麻，不会损害身体健康。

·2·

诺贝尔文学奖得主、诗人米沃什所作的两首诗，在此节录[77]如下：

安　嘉

第二次世界大战里劫后余生，
面对反照的镜子试穿衣服，
发型和化妆为了应付工作的战争，
兴高采烈地上妆或者把酒言欢，
一所华丽公寓的主人，里面有很多雕塑，
留给她自己直至世界终结……

预　备

还要一年时间预备
明天我开始写一本大书
我的世纪将在书中出现如它的原貌
……
不，它明天不会发生，在五年或十年
我依然想得很多，关于那些母亲
并且追问女人生育的男人是什么
……

我还没学会一如本分那样说话，平静地。

这些"平静"的诗句，没有呼号诗的肉麻，是其优点，而且也许是其唯一的优点。下面的小诗也是翻译的，但从意象／意境／遣词用字的"精炼度"等方面来衡量都可能稍胜一筹：

黑

有一个短腿的
青年，穿一套
黑衣服，戴一顶
黑毡帽
　熊腰
　阔背
脖子前倾

在意大利
黑衣服是
　丧服

这首诗是怎样"作"成的？

随手拈来[78]一本与诗无关、反而与科学有关的书册《原子时代的奠基人——费米传》，[79]从中取出一句半，略去标点符号，以诗的形式排出来，就得到《黑》这首诗了。

用这种方法，光从《费米传》一书就已经可以生产出过百首不亚于（某些甚或胜过）《黑》的诗章，足够辑成诗集的了。此处只是为了省事，并为了表示加上了许多"**高难度规限**"之后仍然很容易运用上述方法随手成诗，因而只从该书第一章第一页第一段取材。全书一开始是这样的：

一九二四年春天的一个星期日，一群朋友约我和他们一道去散步，我们在罗马的某条街上某个电车站上会面。和他们一起来的有一个短腿的青年，穿一套黑衣服，戴一顶黑毡帽，熊腰阔背，脖子前倾。在意大利，黑衣服是丧服。

· 3 ·

现在试再"创作"一首变形诗，一方面冀胜过所有的呼号诗、婆婆诗、朦胧诗之类，甚至胜过所有此前所"创作"的变形诗，另一方面又要将某些难度规限再推高一步：所用的书不仅仅与科学有关（例如《费米传》），而且还要正式讨论科学（以下选用巴涅特［Lincoln Barnett］所写的《宇宙与爱因斯坦博士》[80]），同时所取用的句子不单单来自全书的第一章第一页第一段，而且就是第一段里的第一第二句：

刻在纽约河滨教堂四壁上六百位历代伟人的雕像，不朽地屹立在石壁上。这些圣者、哲人与帝王，张着永远不灭的眼睛，注视着空间和时间。

这两句除了这样呈现，还有什么可能性？还有"诗的可能性"：

时与空

刻在纽约河滨教堂

四壁上
六百位历代伟人的
雕像，不朽地

屹　立
　　在
石壁上

这些圣者、哲人
与帝王
张着永远不灭的
眼睛，注视着

空　间
　　和
时　间

(D) 关乎鸡脑

前文略谈呼号诗及婆婆诗，仅仅旨在提供对比、衬托。变形诗才是"变形乐"这种思考游戏的主题所在。

最后在此再玩两首变形诗，其一关乎脑，另一关乎鸡。这两首"诗"特别有趣，特别有助于了解鸡脑，故为之特设（D）这个分节。

(1) "主啊，为何脑部缺氧后就会陷于昏迷呢？"

有一种公开祈祷，一年365天天天在报上刊登祷词广告，多年来风雨不改，累积远超千篇，千篇一律，篇篇有趣。兹因篇幅所限，本小节只挑出其中一篇来玩变形乐（兼玩批判只是顺便），下一小节挑另一篇。

· 1 ·

主啊，今日我们特别把所有昏迷人士交托给你……唯有你明白人体的结构，唯有你了解隐藏的问题。主啊，为何脑部缺氧后就会陷于昏迷呢？（刊于 2006 年 5 月 23 日《明报》）

（1）只有当我们具备某些资格或条件时，我们才可以合宜地说把 a "交托给" b。有某类狂妄而蠢的人，以为自己一经抱持某种信仰就会立刻变得拥有超人的权能，从而有资格把任何人拿来"交托"出去。神经汉看见街上一男一女手牵手，他根本不认识对方，却走上前指着女的，同时对男的说："我把她交托给你了。"这叫做发神经。

上述"天天祷"的祷词，三天两日就来一次"交托"——诸如"我们把全香港的医护人员交托给你……"、"我们把所有政府官员交托给你……"、"我们把所有教师交托给你……"、"我们特别把世上所有的吸毒者交托给你……"、"我们特别把全世界所有的元首都交托给你……"之类——这叫做（且称之为）**脑另类**。

（2）"唯有你（耶和华）明白人体的结构"，这句话蕴涵着说：不是耶和华就不会明白人体的结构。果真如此的话，任何人做手术前都应该先向医生大声问清楚了：

"你是不是耶和华？"

· 2 ·

缺氧脑

主啊，今日
我们特别把所有
昏
　　迷
　　　人
　　　　士
　　交托给
你
唯有你明白
人体的结构
唯有你了解
隐藏的问题

主啊，为何
脑部缺氧后
就会
　　　陷
　　　　于
　　　　　昏
　　　　　　迷
呢？

(2)"主啊,这些鸡只供人食用的使命还未完成"

· 1 ·

主啊,我们同心祈求你特别看顾所有有禽流疫情的城市,叫这些地方能在主的荫庇下,得着保护,不见灾害,直到永远,感谢主。

主啊,近两月来,世界各地先后发现了令人恐慌的H5N1病毒,很多鸡只已遭屠杀;主啊,这些鸡只供人食用的使命还未完成,就要仓忙离去,实在令人惋惜。主啊,这在人看似无能为力,但在上帝岂有难成的事呢!求主发命医治这些禽鸟……求你斥责所有病毒,灭绝H5N1……(刊于2005年11月29日《明报》)

(1)凭归纳逻辑可以打赌,"不见灾害,直到永远"这个祈求,必定落空。

(2)"斥责病毒"比起无知小童碰着台角碰破了头就"斥责台角",更惹笑。

(3)鲨:"主啊,这些泳客供鲨食用的使命还未完成,就要仓忙离去,实在令鲨惋惜。求主发命阻拦!"

(4)鸡:"主啊,我们供人食用的使命还未完成,就要仓忙离去,实在令我们惋惜。求主发命医治,让我们光荣完成使命!"

(5)但事实上,鲨鱼和鸡都有口难言,不会祈祷,唯有人类才能信口开河,独享"能祷"的光荣,焉可无鸡喂口?

· 2 ·

光荣焉可无鸡

主啊,近两月来,世界各地

先后发现了令人恐慌的
H5N1病毒，很多鸡只已遭
屠杀

主啊，这些鸡只
供人食用的使命
还未完成

就要仓忙离去
实在令人惋惜

主啊，这在人看似
无能为力，但在上帝
岂有难成的事呢

求主发命
医治这些禽鸟
求你斥责
所有病毒
灭绝
H5N1

二、变长乐

在一篇诗文（诗或文）之中，前后由两个紧连的标点符号（即两者之间再无标点符号——留空或停顿也算做标点符号）所界划出来的言辞，且称之为一个单位言辞。例如，"虚荣、通吃、床，构成了人生三大难题"，引号内就有四个单位言辞。

把一篇诗文的每一个字都转化成以之为头一个字的单位言辞，然后将这些单位言辞顺序组合，如此创作而成的诗文，且名之为"变长诗"或"变长文"。[81]

变形诗的难度，跟变长诗和变长文（尤其前者）比较起来，只不过是小巫见大巫，小儿科中的小儿科。

现在开始玩"变长乐"游戏（创作变长诗／变长文），玩时再把难度推高一级，那就是：作为出发点的原诗文全部限定要用最最广为人知的诗文。

(A) 杏花鬼见山外山

· 1 ·

清明时节雨纷纷，
路上行人欲断魂。
借问酒家何处有？
牧童遥指杏花村。

——杜 牧

杏花鬼

清明已过又重来
明日黄花今日开
时间回旋直到永远
节令回旋不尽悲哀

雨隐藏泪
纷纷洒在荒冢上
纷纷洒在新坟上
路在坟冢之间穿梭
上香客没有一个

行走阴间必需纸钱
人世冷漠鬼亦心酸
欲饮一杯奠酒好上路
断绝所有世间恩怨情
魂归离恨天

借钱无钱可借
问鬼无鬼可问
酒杯破落去年的墓边
家人踪影不见

何处是归程?

处处是归程!
有声音似自虚空回应:

牧牛牧羊不如牧心
童颜鹤发不若童心
遥指天国不及近指平常心
指日指月不如直指无所住心

杏来自花
花来自杏
村鬼悟见山外山

· 2 ·

朝辞白帝彩云间,
千里江陵一日还。
两岸猿声啼不住,
轻舟已过万重山。

——李 白

山外山

朝阳如常升起
辞别京畿重地
白昼晏卧青楼
帝王也不能比

彩衣艳于彩蝶
云裳轻于云霞
间竹梅花起舞
千古浪荡谁记

里巷街衢
江川湖海
陵墓宫室
一切皆空

日复一日抵押
还可支撑几日？
两情难分终须分
岸边有船速脱身

猿猴溜得快
声名狼藉传更快
啼哭还在岸边
不羁天马已在天边

住客不如过客
轻佻不及轻狂
舟只有傻子去刻
已成之局只有傻子陷入

过不尽的是千帆
万里不尽江山
重门深锁无非自闭
山外有山

(B) 宿命无常豆腐花

· 1 ·

床前明月光，
疑是地上霜。
举头望明月，
低头思故乡。

——李 白

宿 命

床，前人称之为榻，明天又会有个什么新的名称呢？

月色下我总禁不住会想到有关明天的问题，光阴就是如此地逝去了。

疑虑、是非、地中海贫血、上海姑娘、霜雪风沙……举之不尽的难题挥之不去，头为之胀。

望远要登高，明理要思考，月色下我这样提醒自己：低回嗟叹不是办法。

头昂扬起来才不到一分钟，思考多时的问题忽然就现出了结论：故人之情是无法忘怀的，乡土回归本来就是我的宿命！

· 2 ·

> 红豆生南国，
> 春来发几枝。
> 愿君多采撷，
> 此物最相思。
>
> ——王　维

无常豆腐花

红鼻子，豆腐匪，生性爱采花，南方沿海一带作案，国人强烈要求朝廷追捕。

春天总令人浮想联翩，来到南方缉匪的捕快们预感到，发现匪踪的关键就在于耳朵够灵。

几个捕快在树下研究匪徒的逃亡路线时，枝头忽有一声微弱的异响……

愿望的实现从来不易，君不见常有赌客美梦成空？多亏一位捕快耳朵特别灵，采花大盗原来正躲在树上，撷取果子充饥发出了响声——此人终究不够谨慎。

物件无常，最可惜的是匪徒劫去的豆腐和花都不见了，相信是饥不择食都吞下肚子去了吧！

思之令人若有所失。

(C) 观自观在观菩萨

一切有为法，

如梦幻泡影，

如露亦如电，

应作如是观。

——《金刚经》

观自观在观菩萨

一颗流星划破夜空

切割着时间

有人在海边喃喃自语：

为赶时间必须压缩空间！

法国与德国空间相连

如昨天与今天时间相续

梦通向梦中之梦

幻通向灭

泡沫一破就见真实

影子背后就是真身

如幻不等于幻

露似珍珠不等于露是珍珠

亦美亦丑乃从不同角度看

如是如是在于不从角度看

电光一闪与永恒同体
应声回声亦是发声
作无所作
如如不隔
是非不分非真智
观自观在观菩萨

(D) 新疆有圣经密码

我要向山举目，我的帮助从何而来？
我的帮助从造天地的耶和华而来。

——《圣经》（诗 121:1~2）

新疆有圣经密码

我去新疆流浪
要找一位美丽绝俗的姑娘
向她献上一只
山羊
举起双手献上

目的地才刚刚到达
我竟然就发现了猎物

的的得得地跳动着我的心房

帮我平伏心跳吧
助人为快乐之本呀

从她的眼神我得到了暗示
何须迟疑
而她的唇形更像对我说
来拥抱我吧

我一个箭步冲前紧抱着她
的的得得地跳动着我的心房
帮我平伏心跳吧
助人为快乐之本呀

从来没有感受过这么幸福
造物者真的很眷顾我
天堂我也不愿去
地狱我更不愿去
的的确确我只愿这一刻就是永恒

耶稣圣子固然没有这种福气
和珅太监更是缺乏这种阳气
华丽的衣服怎比得上上帝的杰作
而我就在上帝杰作的身上见证了最动人魂魄的波澜

来羊乳之乡探险吧

三、变短乐

一篇诗文所含的全部单字，在此叫做"（小）字库"。限定所有用字都要从已有的（最好是从别人已发表的）诗文那里挑出来，即从小字库那里挑出来，在此严格限制下创作而成的诗，兹名之为"变短诗"。[82] 视此为游戏时，则称之为"变短乐"。

若以《康熙字典》作为字库来创作，可有极多选择。相较之下，若以网友在网上发表的一篇诗文作为字库来创作，那通常就只有非常少的选择了（本书结尾诗《微笑亭焚夜》，便是如此）。

变形诗的难度，跟变短诗比较起来，只是小巫见大巫，小儿科中的小儿科。

如此自设"高难度障碍"，是值得的。再提一次：练轻功时，一旦在负重情况下依然能够跳跃自如的话，到解除了负重之后，其功力就更可想而知。

以下玩"变短乐"游戏时，再加一点小小的规限，那就是：所用的字库全都限定来自同一册诗选。[83] 至于仅仅作为字库的原诗该怎么看，或跳读或略读或细读或反复诵读……那就悉随尊意可也。

(A) 由风姿高地出发

· 1 ·

给海伦（字库） 　　　　爱伦坡

海伦，你的美貌对于我，
　像古代奈西亚的那些帆船，
在芬芳的海上悠然浮过，
　把劳困而倦游的浪子载还，
　回到他故国的港湾。

惯于在惊险的海上流浪，
　你风信子的柔发，古典的面孔，
你女神的风姿已招我回乡，
　回到昨日希腊的光荣，
和往昔罗马的盛况。

看！那明亮的窗龛中间，
　我见你像一座神像站立，
　玛瑙的亮灯擎在你手里，
哦！赛琪，你所来自的地点
　原是那遥远的圣地！

风　姿　　　　　　　　　　李天命

海伦的风姿在于遥远
神像的风姿在于悠然
帆船的风姿在于惊险
你的风姿盛于海伦

· 2 ·

冬天的回忆（字库）　　　　梭　罗

在这劳苦跋涉的生活圈子里，
时而有蔚蓝的一刹那到来，
明艳无垢，如同紫罗兰或白头翁，
春天散布在曲折的小河边的花。
这一刹那间，就连最好的哲学
也显得不真实，倘若它唯一的目标
只是慰藉人间的冤苦。
在冬天到来的时候，
霜浓之夜，我高栖在小楼上，
愉快的月亮寂静的光辉中，
每一根树枝，栏杆，突出的水管上，
冰枪越来越长，
映着日出的光箭；
当时我记起去夏流火的正午，

一线日光无人注意，悄悄地斜穿过
高地上长着约翰草的牧场；
间或在我心灵中的绿荫里
听见悠长的闷闷的蜂鸣，嗡嗡绕着
徘徊于草原上的蓝色的剑兰；或是听见那忙碌的小溪——
现在它上下游整个喑哑，木立，
成为它自己的纪念碑——以前曾潆卷着潺潺地
在山坡上游戏，穿过附近的草原，
直到它年青（轻）的声音终于淹没
在低地的江河迟重的潮流中；
或是看见新刨的一行行田壤
发出光辉，后面跟着画眉鸟，
而现在四周一切田地都冻结，白茫茫
盖着一层冰雪的厚壳。这样，仗着上帝
经济的办法，我的生活丰富起来，
使我又能够从事于我冬天的工作。

高　地　　　　　　　　李天命

江河的目标在曲折
小溪的目标在潺潺
日出的目标在光箭
月亮的目标在悄悄
春天的目标在明艳
冬天的目标在茫茫

运思篇

小楼的目标在霜夜
生活的目标在生活
心灵的目标在高地
高地的目标在无垢蔚蓝

(B) 篱梦惊动满天星

· 1 ·

补　墙（字库）　　　　　　佛洛斯特

有一点什么，它大概是不喜欢墙，
它使得墙脚下的冻地涨得隆起，
大白天的把墙头石块弄得纷纷落；
使得墙裂了缝，二人并肩都走得过。
士绅们行猎时又是另一番糟塌：
他们要掀开每块石头上的石头，
我总是跟在他们后面去修补，
但是他们要把兔子从隐处赶出来，
讨好那群汪汪叫的狗。我说的墙缝
是怎么生的，谁也没看见，谁也没听见，
但是到了春季补墙时，就看见在那里。
我通知了住在山那边的邻居；
有一天我们约会好，巡视地界一番，
在我们两家之间再把墙重新砌起。

我们走的时候，中间隔着一垛墙。
落在各边的石块，由各自去料理。
有些是长块的，有些几乎圆得像球，
需要一点魔术才能把它们放稳当；
"老实呆在那里，等我们转过身再落下！"
我们搬弄石头，把手指都磨粗了。
啊！这不过又是一种户外游戏，
一个人站在一边。此外没有多少用处：
在墙那地方，我们根本不需要墙；
他那边全是松树，我这边是苹果园。
我的苹果树永远也不会踱过去
吃掉他松树下的松毯，我对他说。
他只是说，"好篱笆造出好邻家。"
春天在我心里作祟，我在悬想
能不能把一个念头注入他的脑里：
"为什么好篱笆造出好邻家？是否指着
有牛的人家？可是我们此地又没有牛。
我在造墙之前，先要弄个清楚，
圈进来的是什么，圈出去的是什么，
并且我可能开罪的是些什么人家。
有一点什么，它不喜欢墙，
它要推倒它。"我可以对他说这是"鬼"。
但严格说也不是鬼，我想这事还是
由他自己决定罢。我看见他在那里
搬一块石头，两手紧抓着石头的上端，

像一个旧石器时代的武装的野蛮人。
我觉得他是在黑暗中摸索，
这黑暗不仅是来自深林与树荫。
他不肯探究他父亲传给他的格言，
他想到这句格言，便如此的喜欢，
于是再说一遍，"好篱笆造出好邻家。"

篱笆与墙　　　　　　　　　李天命

篱笆是生长起来的
墙是砌出来的
一格篱笆一句格言
一垛墙一处石器时代

篱笆约会苹果树
墙糟塌石头
篱笆看见邻家
墙有狗
篱笆探究春天
墙讨好黑暗
篱笆摸索松毯
墙巡视地界
篱笆喜欢游戏
墙喜欢隆起
篱笆站在树荫下

墙呆在那里

· 2 ·

采苹果后（字库）　　　　　佛洛斯特

我的长梯的两尖端从中穿透而过，
一直伸向静默的天，
有一只木桶就在梯的旁边，
我还没给装满，也許还有三两只苹果
挂在树梢的枝上，我还没有机会动。
可是现在我对采苹果算是完了工。
夜晚里已经充满了冬眠的精华，
苹果的香味：我不由不打瞌睡。
今天早上我从水槽里捞起一片
薄薄的玻璃，从它的后面
看得见结满霜的草地，越看越眼花，
到现在眼花撩乱的奇异感觉还揉不退。
那块玻璃溶化了，我让它掉下地去碎。
可是没等到
它落地，我早就呼呼睡着
而且我知道
我梦里会梦见的是什么东西。
一只只巨型的苹果忽隐又忽现，
不是开花，就是结梗的那一头，

连红里发褐的一丝一痕都看得见。
我觉得我的脚背一阵阵在发酸，
因为要使劲稳住这把梯。
我觉得梯子随着树枝在摇颤。
我还听见地窖里传出一阵阵
轰隆轰隆
一桶桶的苹果往里直送。
因为我采苹果可真正
采得累过了头：我一直在巴望有这么
一个好收成，现在到了手，却又嫌多。
有成千上万的果子要我去采集，
像宝贝似的捧在手里，往下送，不能往地上掉，
因为只要
一落地，就算没有蹭破皮，
也没有给梗子扎破，所有苹果
照样都放入旁边的一堆，只好将来酿苹果酒，
别的用处一点也没有。
你可以看得出来，我这场睡会有什么
麻烦，算不算是睡觉都说不上。
如果松鼠还留在我身边，
他听到我描写给他听之后，会讲，
我这场睡也许同他的安然一觉一样，
也许只不过是人类的睡眠。

苹果梦　　　　　　　　　　李天命

天梯往下送苹果
一桶桶
地窖采得一个好收成
夜晚装满酿酒的香气

冬眠不打瞌睡
梦会开花
一只只巨型的苹果
忽隐忽现

· 3 ·

人会活下去（字库）　　　　　　桑德堡

人会活下去。
一面学，一面错，人会活下去。
他们受了骗，给出卖了不算，又给出卖，
回到丰富的大地里重新生起根来，
人就是有这种卷土重来的古怪本事，
你就是笑也笑不掉他们这种能耐。
一头巨象正在惊天动地的戏剧中休息。

人看上去老是疲倦，不够睡，像个谜，

是很多单位组成的一大堆,都在说:
"我赚钱过日子。
我赚得刚可以过活,
却占尽我的时间。
要是我有更多时间
我可以替自己多做点事
或者替别人多做点事。
我可以读书写字
可以谈谈天
找出事情的道理来。
这需要时间。
但愿我有时间。"

人有悲和喜的两面:
英雄和流氓,精灵和猩猩,扭
着血盆似的大口在埋怨:"他们
收买了我,又出卖我……这是把戏……
总有一天我会逃走……"

  只要能大踏步
跨过生存需要的边缘,
跨过糊口的冷酷界限,
  人就会获得
埋藏得同骨头一样深的仪式
比骨头更轻的光明,

把事情想一想的空闲，
跳舞，唱歌，传奇，
或做梦的时光，
　　　只要能这样大踏步跨过去。

一方面是五官所给予的限制，
一方面是对无限的不停的追求，
人遵从工作和肚子的絮絮的吩咐，
可是如果有机会，同时还会渴求着
那些在五官的牢狱之外的光明，
那些比饥饿和死亡更永久的纪念物。
　　　这种渴求才是真正的生活。
虽然荒淫无耻之徒已把它破坏和沾污。
　　　可是这种对光明和纪念物的
渴求才是真正的生活。

　　　人知道海水的盐
　　　和风的力量
　　　正在向地球四角冲击。
　　　人把地球当做
　　　休息的坟墓和希望的摇篮。
　　　还有谁替人类说话？
　　　他们跟星座的宇宙法律
　　　音节和步伐完全合拍。

人是多彩多姿的，
就像放在活动的草色衬景上的
一面分光镜在不停的分析光，
一架风琴在奏着不同的曲调，
一些幻光灯照耀下的彩色诗篇
在里面大海吐出雾来
而雾又从雨里消散
拉布多的黄昏落日缩短
成为亮星的夜景
在北极光所喷出的光明中
沉默不作一声。
钢铁厂的天空熊熊一片。
衬托在暗灰色的朦胧中，
火花迸裂出白色的闪电。
人还要等很久，很久。
人终于会得到胜利。
兄和弟终于会站在一起：
  这古老的铁砧嘲笑那些敲断了的铁锤。
  有些人是收买不了的。
  出生在火里的安于火。
  星座们一点也不闹。
  你不能叫风不吹。
  时间是伟大的导师。
  谁能活着没有个希望？
在黑暗里，背着一大堆悲伤

人大踏步向前进。
在夜里，一抬头就是满天星，
永远的；人大踏步向前进：
　　"上哪儿去？底下是什么？"

满天星　　　　　　　　李天命

风冲击海水
海水冲击地球
地球不能破坏
星座的法律

肚子吩咐人遵从工作
死亡吩咐人渴求生活
时间默不作声

受不了欺骗的
不能生存
跨过了界限的
获得光明
在火里出生的
一抬头
惊动满天星

（C）游戏巴比伦永记

· 1 ·

赤杨树（字库）　　　　　　佛洛斯特

我看见赤杨树在向左向右曲折摇动，
背后却是一排排直挺挺深暗的树，
我总以为有个孩子在把它们摇晃。
可是摇晃并不能把它们一直弯到底，
像结冰时那样。在下过一场雨之后，
冬天的早晨有着阳光，你一定常看见
树上压满了冰条。等到风起一吹，
它们就会轧轧作响，这样一震撼
树枝上的瓷就会裂开，变得五色缤纷。
太阳的暖气立刻会使它们把水晶的
甲壳蜕落下来，一片片崩坠在雪层上——
这么一大堆碎玻璃一时扫也扫不干净，
你还以为是天顶的华盖塌了下来。
树枝负载过重，几乎拖近地上的枯草，
可是它们并没有折断；虽然它们
屈得这么久，再也不会恢复原状：
多年之后，你也许仍旧会在森林里
看见树干弯曲着，把树叶拉曳到地上去，
好像匍伏在地上的女孩，把脸上的长发

甩到头后面去，好让太阳把头发晒干。
可是我想说的却不是这个，刚才打断
我话题的是事实的真相：雨后的冰条，
我总觉得有个孩子摇晃它们来得好，
他去放牛时走过就弯弄一下树干——
这个小孩离开城市太远，不会玩棒球，
唯一的游戏，是他自己创造出来的，
不管冬天或夏天，只有自己一个人玩。
他一棵一棵的征服他父亲的树，
一次又一次不怕烦的骑在它们身上，
一直到他拿树的倔强劲儿完全驯服，
所有的树全乖乖地垂下来，没有
一棵不听他的话。他学会了所有的
花巧，不要立刻腾身出去，否则
一定会把树干一下就压到地上去。
他连在最高的枝条上时，也永远
四平八稳，小心翼翼地向上面爬升，
就像你把一只杯子注满水，甚至
水高过杯子边缘时那样全神贯注。
然后他向外一跳，两只脚先伸出去，
在空中踢动着，嗖的一响，落到地面。
有过一个时期，我也摇晃过赤杨树。
现在我梦想着怎样再去摇晃它们。
尤其在我厌倦于患得患失的计算之后，
生命实在太像一片没有路径的森林，

在里面走着,你的脸给蛛网拂得
又痛又痒,树上的枝条打在你的
一只眼睛上,痛得你不停的流着眼泪。
我真想暂时离开这世界一阵子,
然后再回来,一切再重新开始做起。
但愿运命不要故意误解我的用意,
让我心中的愿望实现:把我攫走,
一去不回。这世界实在是个好去处:
我想不出来任何地方比它更充满爱。
我真想去爬一棵赤杨树,沿着雪白的
树干,爬上黑暗的树枝,一直往上爬
"向"天国,直到这棵树再也载不动我,
只好把树梢点向地,把我再放下去。
这样向上爬和放下来多有意思。
比摇晃赤杨树还要没用的事有的是。

游 戏　　　　　　　　李天命

冬天压着太阳
夏天恢复原状
赤杨树左摇右晃
头发蜕落真相

放开没用的事
向上爬升

女孩匍伏在地
向下征服

生命误解运命
黑暗误解爱
城市又痛又痒
世界创造自己的游戏

· 2 ·

海中的城市（字库）　　　　　　爱伦坡

看！死神为自己建一座王宫
于一个孤立的怪城之中，
辽远地，在那西方的朦胧里；
善的和恶的、最恶的和最善的，
都来此作他们永恒的休息。
是处神龛，宫殿，和尖塔
（时间噬咬的尖塔，毫不摇晃！）
迥异于我们的宫，庙和古刹。
而四周，被吹浪的海风所遗忘，
伸延着一望忧郁的海水，
在灰空之下静静地沉睡。

没有光辉落自圣洁的天顶，

来照耀这城市长夜的时辰；
可是有幽光暗红的海底
涌上了峥嵘的角楼，无声地——
仰照着那些尖阁，远的和近的——
仰照着圆顶——尖顶——和庄严的厅堂
仰照着寺院——仰照着巴比伦式的宫墙
仰照着幽深的久弃的凉亭，
亭中的石花，精刻的常春藤——
仰照着许多，许多奇异的神庙，
照出那雕花的柱顶上缠绕
六弦的提琴，紫罗兰，和葡萄。

静静地，在灰空之下沉睡，
伸延着一望忧郁的海水。
千塔和万影交缠为一体，
全城都似乎高悬在空际，
而城中，自一座骄傲的塔上，
死神巍然地狞视着下方。

是处开敞的寺院和裂口的坟
张大着嘴，和闪亮的海水齐平；
但每一座神像钻石的眼珠
蕴藏着的全部的财富——
全部珠光宝气的尸体
都不能引诱海水跃起；

因为沿着那玻璃的荒原,
哎！没有碎浪能扬起微涟。
没有起伏诉说着海风
可能在快乐的远海上吹动——
没有澎胀暗示着风浪
曾起于不如此阴沉的海上。

可是，看，一丝震颤已出现空中！
那波浪——海上已经有一丝掀动！
恍若那微微下沉的城楼
已经在推开那死寂的潮头——
恍若那塔顶已无力地放弃
一片空间，给飘渺的天际。
海水的红光此刻已转深——
时间的呼吸已微弱而低沉——
当此城从此处陷落，陷落，
于一片异于尘世的哭声，
地狱将升自一千个宝座，
向这陆沉的城市致敬。

巴比伦　　　　　　　李天命

王宫被遗忘
城市被遗忘
尖塔在朦胧里孤立

古刹在永恒中沉睡

巴比伦
张大着嘴
无声地
诉说着陷落

· 3 ·

面包与音乐（字库）　　　　　艾　肯

和你一起听的音乐不止是音乐，
和你分享的面包也不止是面包；
失去你之后，一切变得死气沉沉，
以前那么美的事物如今云散烟消。

你的手一度抚摸过这桌子和银器，
我曾看见你的手指举起这个杯子。
这些东西不会记得你，我的爱人，
可是你留下来的抚摸永不会消逝。

因为你和它们一同活在我的心中，
这些东西曾受过你的手和眼的温存；
它们会永永远远在我心中记得你，——
它们一度接近过你，美丽聪敏的人。

永　记　　　　　　　李天命

杯子抚摸手指
音乐分享美
消逝永记云烟
温存留下爱

尾声：供人享用的使命至此完成

> 想象力比知识重要。
> ——爱因斯坦

（A）曼妙在飞翔

· 1 ·

最美的诗妙然可感，在可解与不可解之间。

最美的诗是一种撼动心魂的梦。

· 2 ·

梦是想象之乡。

曼妙在飞翔，最曼妙的飞翔在想象。

· 3 ·

想象力丰富的人接近天使，想象力贫乏的人趋近动物。

想象力极度贫乏的人，无法想象无常，无法想象从高地的蔚蓝到巴比伦的云烟原来都是世界在创造自己的游戏。

相反，想象力极度丰富的人，深知无常，从而可以"念观如是，端定正我如来"。[84]

(B) 如来启示录

微笑亭焚夜[85]

故事摇摆不定
尾音的前奏
震动深处的铃

焚雪
焚寒
焚夜

呼唤我
夜附近的
微笑亭

注　释（下）

[66] 为什么（比方说）不把心理学方法、社会学方法、经济学方法等全都纳入思方学之中？因为，这些都是特殊的方法，其共同的根底恰恰就是思方学第四环节"科学法度"。数学是一切科学共用（乃至日常生活中共用）的方法，但思方学就连数学的一小部分也没有纳入其中，而只将全部数学本身的方法凭据"逻辑技巧"纳入其中作为它的第三个环节。

[67] 刻意一再重述要点，见第 I 部之"引语"。按："批判／创意"之分，只是大概区分；其实批判可含创意——确当批倒了某个命题 P，即意味着确当建立了新命题"非 P"。

[68] 顶多只有上帝的创作是无中生有的，如果这句话可理解的话。

[69] 鲜有 ≠ 没有；参见这首著名的短诗："生命诚可贵／爱情价更高／若为自由故／两者皆可抛"。

一按：说理诗之高下，关乎所达到的理境之高下，但最重要的还是：须从全面来评鉴；参见"五大诗关"。

二按：实质上本文此处旨在陈示指标（五大诗关都是指标），而不在于记叙现实概况。

[70] 依惯常用法，"利害关系／功利目的"不包括纯粹欣赏的关系／目的。

[71] "李天命网上思考"

Faustus（2003-02-13 07∶30∶10）

I don't really understand Fellini's films, but I just love them.

李天命（2003-02-27 16∶00∶00）

The UNunderstanding of Fellini's or, say, 寺山修司's films (e.g. *Pastoral Hide-and-Seek*) may just come from neglecting the possibility that, to appreciate those guys' works, it is aesthetic sensibility but not rational analysis that is the key, as those works can plausibly be supposed to be "felt" rather than "understood" in the first place.

　　To put it briefly, the UNunderstanding is due to trying too hard to understand.

　　[72] 设使毕卡索暗中让一个婴儿通身沾上油彩在画布上爬行，然后签上名字并公告那是他的毕生力作，谁能分辨真伪？"权威画评家"还不是照样赞叹如仪？

　　[73] "读x的人"指"x的读者"，"x的读者"一般不包括指"x的作者"——或索性将"写诗的人比读诗的人多"视为修辞感叹句，能表示出"写诗的人已濒临绝种"就行。

　　[74] 杜甫的诗、贝多芬的乐曲……既严肃又受欢迎。"严肃"与"不严肃"互相排斥，"受欢迎"与"不受欢迎"互相排斥，"严肃"与"受欢迎"根本没有互相排斥，"严肃"与"不受欢迎"就更明显绝非等同。酸文人自我安慰，硬将"严肃作品"与"不受欢迎作品"混同，不外概念扭曲而已。

　　　　　　　　　　　　　　　　　——《哲道行者》，117页。

　　[75]《水平思考法》(*The Use of Lateral Thinking*)，谢君白译，台湾桂冠图书公司出版，1988年7月，4页。

　　[76] 同上，7页。

　　[77] 引自2001年7月1日《明报》。

　　[78] 以上的《黑》和跟着的《时与空》以及其后的八首"变短诗"总共10首，所用的原料／字库，全都来自同一家出版社的书。见注释[79]，并见下文。

　　[79]《原子时代的奠基人——费米传》(*Atoms in the Family,* by Laura Fermi)，叶苍译，香港，今日世界出版社，1973。

　　[80] L.Barnett, *The Universe and Dr. Einstein*，中译为《相对论入门》，仲子译，香港，今日世界出版社，1960。

[81] 无须理会极限情况／极端细节。按：上段所谓"所界划出来的言辞"，包括第二个标点符号在内。

[82] 设同一个字（字型）纵出现多次（字样／字例）仍算1个字；是否要规约"x变短成y"的极限为"字数上x=y"，此处无须理会。见上注。

[83]《美国诗选》，林以亮编选，梁实秋、张爱玲、余光中、邢光祖、林以亮等译，香港，今日世界出版社，1961。

[84] 见"养心篇"注释[22]。

[85] 本诗是在网上玩"变短乐"（当时未为这种游戏命名）之偶得，喜出望外。且让本诗的来龙去脉在这里重现一次如下。

"李天命网上思考"
一堆思念变成一沫泡影（字库）
天越（2003-03-30 04：17：28）

（前奏）
1. 一年前的一夜，
　　天边的梦化成白雪
　　零落凡间。
　　有心人
　　伫立凉亭看雪，
　　看一堆不属于自己的梦，
　　寒冷仿佛不再寒冷，
　　是身体麻痹，
　　或者
　　雪不再是相熟的雪

演变为过路的陌生人

(中段)

2. 昨晚,
　雪离去
　太阳高挂,
　希望没有随之而来
　门铃响起,
　敲门者仿佛心急如焚
　门开
　一群羊走进屋内,
　吃苟存一年的霜,
　带走锁在衣柜的思念

(尾音)

3. 羊走了,
　雪离去,
　痕迹
　早被羊擦干
　雪
　早变成杯中冰霜
　伴随威士忌
　落到身体深处
　留下
　摇摆不定的钟

震动故事的最后音阶

李天命（2003-03-31 12∶10∶00）
[选字。上]

故事摇摆不定
尾音的前奏
震动深处的铃

焚雪
焚寒
焚夜

补充（字库）
天越（2003-03-30 13∶13∶54）

这首诗原名是《给亭的一首诗》。

回想起夜校附近的一个亭，经常令我带着微笑，它仿佛在呼唤我，希望我在离开前为它演奏一曲。可惜，我只是个工艺不到家的诗人，而不是音乐家。因此，我只能以音乐分章，作一首诗，留在板上，传至遥远的东方。但愿一天，在人海茫茫的长街，能够听到亭的答谢声："你的诗虽写得不好，但非常感谢。"

我回答："不用客气。"

李天命（2003-03-31 12:16:00）
[选字。下]

呼唤我

夜附近的

微笑亭

微笑亭焚夜

故事摇摆不定

尾音的前奏

震动深处的铃

焚雪

焚寒

焚夜

呼唤我

夜附近的

微笑亭

跋：人生战场？

> 机器态度无所谓气量，
> 无所谓包容，无所谓忍；
> 机器态度超越。
>
> ——《哲道行者》

· 1 ·

"在哪里跌倒就在哪里站起来！"
有豪气，而且只有豪气。

· 2 ·

在哪里跌倒就在哪里站起来，
在哪里跌倒就爬到别处站起来，
在哪里跌倒就躺在哪里先休息一下，
……
智者全看实况而定。

· 3 ·

哲道装备具足，
以心如虚空为本，
顺机器态度起用，
庶几可以无敌。

· 4 ·

无敌？正所谓：
滚滚长江东逝水，
浪花淘尽英雄……
古今多少事，
都付笑谈中。

后记：三步一回旋

· 1 ·

我从学校毕业后，即到学校任教（1975年）。由于发觉到人们思考时普遍只会着眼于"X是真？假？对？错？"的问题，而不会首先着眼于"X是什么意思？"的问题，于是我就在《语理分析的思考方法》（1981年）之中揭示厘清思想的首要性，指出在思方学中"X是什么意思？"才是最为基本的问题。多年以后，由于发觉到人们往往矫枉过正，着迷于"X是什么意思？"的问题，要求字字界定，走火入魔，于是我就在《李天命的思考艺术》（1991年）之中批判"字字界定主义"，阐明字字界定的企图若非无穷倒退就是滑稽循环。又再多年以后，由于发觉到民智普遍提升，同时道高一尺，魔高一丈，"字字界定主义"进化到"滥索滥问主义"，不但滥索界定，而且滥索证明、滥索标准、滥索方法、滥索指引……于是我就在《哲道行者》（2005年）之中批判滥索滥问主义。整个过程，或可谓之"思方三步曲"吧。

· 2 ·

从学校毕业后，我发表的第一篇拙作叫做《论分析哲学》（1976年），主旨在于冲击那种不会首先厘清思想而只会着眼于"真／假／对／错"的传统思路。从学校退休后，我出版的第一部拙作叫做《杀闷思维》（2006年），主旨在于破斥那个缺乏真理诚劲、利用厘清为借口以逃避探索"真／假／对／错"的反智赖潮。整个过程，或可谓之"思方一回旋"吧。

· 3 ·

统一并贯串着"思方一回旋"的，正是拙著所讲的赋能进路：凭着天赋的理性能力来作全面权衡，知所取舍，知所用心。

统一并贯串着"思方三步曲"的，也正是拙著所讲的赋能进路。要判定是否清晰／是否合理／是否相干／是否充分／是否滥索滥问……最终所凭的终究就在赋能进路：那就是"理性为本，因题制宜；思方指引，赋能定断"这条确当思考的终极路向。

李天命
2006年7月12日

附录

《哲道行者》前后

明报出版社选辑

一鳞半爪

编者①

《哲道行者》面世至今刚好一年，反应热烈，以下辑录有关的一鳞半爪。

***

张晓卿（马来西亚丹斯里拿督，明报企业主席）：

由明报出版社出版的哲学家李天命教授的哲学思考读物，广受读者欢迎。去年7月出版的李天命新著《哲道行者》，成为香港去年十大畅销书之一；《李天命的思考艺术》一书再版了55版次，打破香港出版史的纪录。

《明报月刊》创刊四十周年
暨明报出版社成立二十周年
庆祝酒会致辞
2006年4月号《明报月刊》

---

① 系香港明报出版社编辑，港版《哲道行者》编辑彭洁明。

***

天道书楼编辑：

香港著名哲学家李天命博士于2005年出版《哲道行者》一书，半年内加印10次。书内大肆抨击基督教信仰，全然否定其理性基础，在大专界尤其影响深远。杨庆球博士在此作出回应，以理性分析，反驳外界对基督教的误解。本书亦可视为独立作品，作为护教学的入门书籍。

——天道书楼网页，2006年

***

Wong Sir[①]

2006-06-02 03：13：47

有人出书驳《哲道行者》

中国神学研究院杨庆球教授最近出版了一本护教书《基督教不可信？兼驳〈哲道行者〉》（2006年，天道书楼）。此书匪夷所思，且兼备了激死人和笑死人两大元素。首先，在作者和别人的序言中，不单没有交代为何或如何批驳《哲道行者》，甚至连"李天命"、"哲道行者"等字样都没有被发现，再翻阅正文一百几十页，仍然找不到相干的文字。也许书中曾引述过《哲道行者》的内文呢？也是欠奉！

真激气，几经辛苦，终于给我在第17页的注释1中发现唯一——

[①] 哲学博士（宗教研究）。

句相关的说话,"李天命,《哲道行者》,香港:明报出版社,2005,谩骂之辞,分布全书,如36、161页等"。

真可笑,要知道没有征引、说明、例举、解释,就抨击别人是谩骂,本身就是彻头彻尾的谩骂。譬如我现在说杨庆球的《基督教不可信?》绝不可信,因为当中失理失实之辞,分布全书,请看第1至第163页。

听说李先生的《哲道行者》已印行了第11版,书中用了若干篇幅狠批基督教思想,因此有卫道之士挺身护教,是意料中事。本来,只要本着理性来讨论,就算针锋相对也可以让真理越辩越明,但连正面回应的胆子/能力都缺乏,却偏在封面上大字标题的要驳《哲道行者》,此岂不是以别人的名气来抬高自己的身价吗?

"李天命网上思考"
http://leetm.mingpao.com/cfm/Forum3.cfm?CategoryID=2&TopicID=2496&TopicOrder=Desc&TopicPage=1&OpinionOrder=Asc

***

方卓如(《信报》专栏作者):

这次书展有两个人最红,一个见到,一个见不到。见不到那个是李天命。

李天命那本新书《哲道行者》,书迷是用"抢"的动作搜购。

……不单只他的学问我学不来,文字更加是模仿不了。那种将几个平常看似无甚关连的字并合一句,意思彰显之余,还令人眼前一亮。

　　……另一个见得到的书展红人，是龙应台。

　　……李天命与龙应台，一哲一文两枝妙笔……

——《两生花》

原载于 2005 年 10 月 20 日《信报》

＊＊＊

　　李先生最初估计可在香港 2003 书展前出版《哲道行者》，其后以《思方学八讲》(CD) 代替，最终在香港 2005 书展时出版计划得以落实。谈论李先生的文章，多不胜数，以下仅仅就 2003 年至今这段期间的有关资料从中辑录数篇（按时序），以飨读者。

彭洁明（编者）

思 方 学

李纯恩[1]

李天命送给我一套他的讲座录音带《思方学八讲》,内容均是思考方法的学问。我还没听,周宁却天天晚上戴着耳机,坐在沙发上当起了哲学系的学生了。我就笑:"想不到,我的家以后也会出一个哲学家。"

李天命的思考方法,是教人在这个谬误丛生的世界中,如何分清真伪,如何用最简单和直接的方法去找到真理。"真理"不一定要像传说中那样伟大法,所有事情都有一些基本的法则,大至国家命运,小至家庭琐事,无有例外。

许多故弄玄虚的人,往往为了自己的利益,将简单的事情,弄得复杂,弄得人疑神疑鬼、头大如斗,这样就可以牵着别人的鼻子走。

这种故弄玄虚,被无知者捧为"学问",越玄越虚越是搞得人头大如斗的,"学问"越大。继而产生的谬误是,越是狗屁不通的东西,越是引人"研究兴趣",多少人苦苦钻研的,不过是一堆纠缠不清、理念混乱的东西。当这些人以为在深究学问的时候,那个"原创者"则捋着胡子,看着一堆傻样微笑。

如何才不至于堕进这样的谬误陷阱,那就要看自己有没有独立思考的能力。独立思考的能力,基于常识,还有思考方法的训练。一

---

[1] 李纯恩,香港著名传媒人,美食家,专栏作家。

般来说，吃一堑长一智，但在吃亏之前，已有人教你了，犹如在一堆乱麻之前，有人递上了一把锋利的快刀，你有刀在手，要对付一堆乱麻，事情也就简单了。

李天命的本事，就是他自己已磨好了一把快刀，然后把刀送给有缘人，教你如何使用，劈开世间许多虚无的假学问，为自己开出一条清晰的思路，百毒不侵。

原载于《香港经济日报》专栏：
《天地良心》2003年12月4日

李天命的新书

张健波[①]

W：

你这个"李天命迷"去年预订了他的新书《哲道行者》，至今仍未见出版，要求我去打听一下。我唯有遵命，向明报出版社总编辑潘耀明查询，他表示，李天命已经交稿，如无意外，很快便可付梓，赶及下月香港书展面世。

因工作关系优先看过书稿的潘耀明透露，《哲道行者》比现在已经出到第51版的《李天命的思考艺术》还要精彩，讲得我也很想先睹为快。

阅读是人生乐事，阅读李天命的书，更是双重享受，不单可以操练脑筋，提升思考能力，还可欣赏文字之美；他在书中列举的例子，更常令人忍俊不禁。

你要看他的新书，还要稍等；为免吊瘾，我推荐你先看今期《信报月刊》（6月号）一篇文章《李天命最后一课》。李天命1975年自美国芝加哥大学取得博士学位后，返回母校香港中文大学任教，至今刚好30年；他早在5年前已明言今年退休，虽经校方多番挽留，但他坚持原意，铁定今年7月正式退休，并在4月14日讲了最后一课。

《信报月刊》选了一个很好的角度，派记者廖美香记录了李天命

---

① 张健波，《明报》总编辑，前《明报月刊》总编辑。

最后一课的精彩内容。当天，除了选修该科（哲学分析）的四五十名学生外，还有不少人慕名而来，出席者数以百计；不但座无虚席，连地板、楼梯都坐了人！

李天命罕有地穿上西装上课，他走上讲台，在黑板上写了三个字"醒——中乘"，首次阐释"中乘"之道，指出"大乘"陈义过高，"小乘"眼界过窄，"中乘"才最适当。《信报月刊》这篇报道虽长达四页，但仍稍嫌简略；尽管如此，还是很值得一看。

W，我想特别提醒你，李天命很可能在书展期间，出席一个座谈会，与读者见面；但因座位有限，请你届时留意参加座谈会的办法，以免向隅。

　　祝
进步！

张健波　谨启

原载于2005年6月27日《明报》
《编辑室手记》

《哲道行者》使人醒

黄维梁[①]

在《李天命的思考艺术》畅销数十版之后，在李天命网站热烈推出之后，李天命《哲道行者》即将面世。"哲道"不等于海德堡或京都的"哲学家之道"，"行者"不等于孙行者，更不等于"尊尼行者"（Johnny Walker）。"尊尼行者"使人醉，而《哲道行者》使人醒。[②]天命行者合该替天行哲道。李天命教授是最清晰的思考者之一，在传哲道、解思惑三十年之后，三十而立，建立其思考方法学说，就是这部《哲道行者》。

"哲道"、"行者"都是他铸造的词语。不少不学无术的人，以term、以jargon害人，术语成为"语害"。我不称"哲道"、"行者"之类为术语。天命行者清晰地告诉读者：哲道＝思方学＋天人学；思方学探索思考之道，天人学探索生死之道；"所有掌握了哲道的基要，并参与哲道的建设或确立或维修或发扬光大或传授或实践的，都可称为'哲道行者'"。

我在海峡两岸的学士、硕士、博士班授课，都呼吁学生清晰准确地思考和表达，切切不要成为"语意暧昧、言辞空废、术语蒙混、随波逐流"的"学混"、准"学混"。我介绍天命行者的思方学。本书

[①]黄维梁，教授，作家，在海峡两岸的学士、硕士、博士班讲授文学与创作。
[②]在此引作标题。

还有天人学:"有智无情者白活,有情无智者乱活。""爱情问题没有普遍适用的解决方法,只有按情况而定的技术性处理。"

本书还有对某宗教凌厉的质疑(在讲"政治正确"的世代,这是需要大勇气的),还有对思方新秀深情的扶持。李教授有理、讲理,李兄有情、温馨。李兄理馨,其《哲道行者》成一家之言。

香港书展2005"名家书评"

附录 《哲道行者》前后

唐君毅与天命

黄子程[①]

在李天命最新的作品《哲道行者》里面，刊载了一篇唐君毅致李天命的书简（转载自《唐君毅全集》卷26），虽是1971年的信，现今谈之，倒引发了我不少联想。

60年代天命兄在新亚书院念哲学系，唐君毅教授已对他独垂青眼了，书简中说当时对天命有一特殊印象，大约是一凝敛而带忧郁耿介之印象。此一印象据唐先生阐释，乃指李天命有一"内在之世界待开发，一如花之含苞未放也。"

作为天命之友，我觉得唐师此一观察，可谓非同小可，是深邃之观察能力也。除此一判语外，据教学生活所见，唐师更有以下评语："棣之敏悟为所罕见自不必说，所难得者在棣亦不以课程与棣之目前兴趣不合而多所责望批评，此是棣之性情纯厚处。"

敏悟之外，性情纯厚，可见他对天命之珍爱。

唐君毅教授认为一般性情纯厚者多缺敏悟，而敏悟聪明者则多尖刻。聪明仁厚二者极难兼备，能兼具者，唐师指出即为大器矣！

很多师长朋友，对天命为人为学有很多说法，但能像唐师这样一语中的道破天命为人本质的，就不容易了。不可不知，此信简书于1971年，当时天命在美国芝加哥大学，连博士学位还未念完哩！

原载于2006年4月16日《大公报》

[①]黄子程，教授，作家，在香港理工大学讲授应用文学与创作。

哲人的感慨

黄子程

20世纪70年代修读唐君毅、牟宗三老师的课，初识中国哲学，当年觉得唐是仁者，牟是智者，一是山，一是水。与同学据此侃侃而谈，觉得中国哲学，吾等已得其个中三昧了，那真是蚍蜉撼大树、夜郎自大得可以。

最后我们两三个"哲学小子"，从牟宗三老师那里取得几科优良成绩后，还不是走回或文学或社会学的领域去，能终生侍奉哲学的，又有几人？

当年，读哲学是寂寞的，教授哲学课的哲人，何尝不是孤独而寂寞？

是以李天命，作为中大哲学系最早期的学生之一，在唐君毅老师眼中：凝敛、忧郁、耿介。那确是一个最能描绘哲人心中所期待的理想学子形象。初见天命，即有此一赞叹，显然是一种寂寞孤高的回响，唐牟之心，有谁共鸣？

两位哲人，生于那个时代，本身已确然是一种寂寞，从哪儿去得英才而教育之？像李天命，社会中又能有几人？而天命志趣乃在思考与逻辑上，是中国儒学的宏志，承传人又能是谁？

唐牟已去，那个时代已在昨日，永不回来。今天的香港，李天命的哲学，能以思考与逻辑的课题，关注人心，解说悲悯众生，寻找个人解脱，那又不是唐牟今天再生所能做得到的。

人生就是如此，每一代有每一代的演绎，何须感慨？

原载于2006年4月18日《大公报》

李天命武当伤足再悟天命

张慧燊[1] 李泽铭[2]

天造之才自控命
隐身网络任逍遥

　　常言道："大隐隐于朝，中隐隐于市，小隐隐于野。"文章开首便引这几句，目的只为带出今次会客室的主角——李天命。他身披思想家、学问家和诗人等多重外衣，但始终未及"隐士"一词形容得贴切。李天命在大学执教三十年，当属朝市之间，去年退下火线，但并非从此归隐山野，而是转向网络，继续他的思考和讨论，即今人所谓的"超隐隐于网"。

思 考 篇

　　2005年4月14日下午，在香港中文大学陈国本楼的一个讲堂里，讲课声、提问声、笑声、掌声如常响起，然后一轮献花、道谢和合照，李天命从中大的讲台上走下来，为三十年的春风化雨画上完满

---

[1] 张慧燊，香港《文汇报》《名人会客室》主持。
[2] 李泽铭，香港《文汇报》副刊编辑。

的休止符。虽届退休之年，但精力不衰，风采犹在，才思敏捷不下壮年时，加上中文大学系方多番挽留，因此不少人对他执意退休大惑不解。中文大学哲学系系主任关子尹也常对他说："老兄，你连假期平均每星期工作一个半小时，退与不退根本没有分别，为什么要退呢？"

卅载执教鞭
春风育桃李

这个疑团在记者脑海中也盘绕多时，借此良机正好问个究竟。

"退休前与退休后的分别就是退休后跌伤了腿。前阵子到武当山旅行，看见太太与妹夫等人在水边倾谈，我见面前有一条捷径，离地面大概一层楼高，以前我可以一下子跳下，但这次跳了下去我才回想起：上次跳这个高度是上世纪80年代。"

李天命以思考精确、词锋锐利见称。在他看来，最重要的问题为"思、生、死"三题，其中又以思考居首。照他所言，要具备了确当思考的先决条件，才能恰当判断"如何生存得愉快而有意义，如何可以面对死亡而不失宁定安然"。李天命虽然思考出色，学生们往往认为他无所不晓，他却断言自己"思考不多，只是效率比较高"。智者多虑，世人认为思考会带来烦恼，李天命却认为实情刚刚相反。

功力越高招式越简

"思考艺术犹如武功。功力最高的，招式最精简。"

"学好思考的一大效用在于不浪费思考,思考的最高境界包括不过度思考，自自然然就有最恰当的反应。有些问题若是不能靠思考解决的，思考过这些问题之后，就该断定这些问题不能靠思考来解决，而应该（比如说）随直觉而行。"对"生、死"的感悟包含了价值判断，思考虽无法充分提供答案，但可首先清除途中的障碍。

"思考的一项工作，就是探索达到目的地的途径，然而最终要达到什么目的地则要基于价值判断，思考并不是决定终极目标的充分条件，但却是决定终极目标的方法基础。人们往往因为一些错误的想法而采纳某些价值判断，而那些价值判断又会反过来令人烦恼。要是好好掌握了思方学（思考方法学），便可以把这些不利的因素排除。但到最后一步，究竟要采纳哪一项终极价值判断，就不在思考的范围内了。"

信 仰 篇

神秘乐观：信仰架构分三层

思考方法以外，李天命别具一格的信仰观——他名之为"神秘乐观"——也是令人着迷之处。他巧妙地把信仰分做三层：

第一层称为"神秘乐观宇宙信托"（纯原版神秘乐观）：宇宙是我们的本源，我们信托自己的本源，肯定宇宙终极圆满，所有悲痛苦憾，例如生离死别，最终都可得到圆满善解。

第二层称为"神秘乐观α信托"（聚焦版神秘乐观）：当一个人对宇宙的信托聚焦成为信托宇宙的至高存有或万物的终极根源α（以α为代号，以免被世俗宗教的神话污染）的时候，其宇宙信托就凝聚成为α信托。

第三层称为"神秘乐观宗教信托"（判教版神秘乐观）：那就是

以神秘乐观作为判教（判别教理高下，判定教义取舍）的最高准则（例如，否定"永"下地狱之说），在神秘乐观的基础上皈依宗教。

不同信仰，和而不同

李天命一直对基督教的教条批判严厉，他的成名路上也以1987年公开辩论中击败传道人韩那（Michael Horner）最为瞩目。但在李天命的至交好友当中，却有虔诚的基督徒，大家仍能和睦相处，体现了胸怀开阔，和而不同。李天命坚信他们绝不会因此而"下地狱"。

哲人早成，他在四五岁已开始思考"为什么有我"、"为什么有这个世界"一类的问题。

不说不知，李天命那种独特的三层信仰架构在他年少时便具雏形。"在这个意义上我可以说是从未进步过。架构的第一和第二层很早便已完整，接触佛道以后就把架构第三层的内容具体化。"

参透"思生死"，早做自在人

李天命虽然出身于大学的哲学系，但他对学院哲学的批判一直不遗余力。他更断言，"思、生、死"这三个最根本、最重要的思想性问题，并不需要理会现代哲学那些五花八门、旋起旋灭的潮流学说。

"哲学与科学不同，其中最根本、最切实、最重要的问题并不适宜由一代交予下一代去研究。思、生、死，正是生前就要了断的问题，要生前就学会确当思考，明白人生的意义，如何活得快乐，如何安然面对死亡，而不是我这一生处理这个问题走了一步，还剩下九十九步，等下一代来处理吧。"

哲道乃根，学院哲学为枝末

李天命把探索思考之道的学问取名为"思方学"，把探索生死之道的学问取名为"天人学"，把两者统称为"哲道"。他指出，"思、生、死"的问题绝不适宜进行没完没了、碎屑烦琐的学院式研究；学院哲学是枝末，哲道才是根本。

"愈早解决这三大哲道问题愈好，可以愈早逍遥做人，而不是被这些问题困扰了一辈子，死前仍感到惶惑不安，不知人生有何意义。即使临死前解决也已经是太迟了，因为已经快要死了。"

总而言之，李天命并不是要全盘否定学院哲学，但强调要分清本末。

李天命的众多著作中，他认为最主要的有三部：《李天命的思考艺术》是前奏，《哲道行者》是主角，《智剑与天琴》是结幕。三部曲中的《李》与《哲》已经面世，李天命表示《智》可望于2007年出版。

感 情 篇

理性感性集于一身

在香港，大家都视理性为冷漠。李天命可说是理性之极者，可是认识他的人都会不约而同地认为他是性情中人。他曾写下不少感性情深的句子，如："情最可贵，每一个孤单的人在无穷无尽的时空里都是可怜的。""活过、爱过、青春过……不枉此生，藏于永恒。"不知这位思考大师如何处理思考与感情、理性与感性呢？

"感情与思考不同，不能说感情是思考的一部分，也不能说思考是感情的一部分，不过两者有很密切的关系。分辨某种感情是否妥当，这需要思考；但为什么要思考，感情因素可以是背后的一大动力。"

李天命和太太徐芷仪同在中文大学任教，访问当日她亦在场，两人结婚多年，感情如初，荣休之日，桃李满堂。能达此人生几何之境，李天命当庆幸遇上与自己性格相合的太太。

"我们基本上没有争拗，大家都不着紧琐碎的事。世上许多争执都是源于小事的。"

抑纵平衡心，淡然待虚荣

说李天命是城中隐士，最大原因是他不为潮流所动，什么高科技产品、名牌时装、新兴玩意等，他通通不理，至今连手提电话也没有。前几年他才知道自己在大学里原来有个电邮地址，不过始终没有使用过。直至"李天命网上思考"的讨论区出现，世上才少了这一名网盲。另外，不愿曝光的性格，经常拒绝访问，更为他平添几分世外的风韵。

不愿曝光，因怕麻烦

面对别人的解读，李天命"哈哈"数声，然后道出个中原由。

"不是完全不曝光，只是尽量少曝光。不愿出镜与什么清高的问题无关，只是怕被人在街上认出，简单来说就是怕麻烦。"

能超脱潮流，他认为关键在于能看清做人的方向，什么重要，什么不重要，对不重要的放得开，于是对其他人成为诱惑的，对自己就不成为诱惑，能自然地依自己的方式生活。话虽如此，但他并不认为自己属于"看破世尘"一类。

破除名心，虚伪矫情

李天命又说："威廉·詹姆斯（William James）有一洞见，指出名心（虚荣心）是最深层、最难处理的，无论是追求财富还是追求权位，最终也是渴望留名。传统教人百分百破除名心，我看是不切实际，过分压抑人性，令人变得虚伪矫情，心态不正常。但若完全放纵名心，又会陷入无底深潭里，结果也是心态不正常。世上许多千奇百怪的现象，寻根溯源，都由虚荣心膨胀而起。最明智的取向就是：抑纵平衡。"

"兴趣可能人各不同，但喜欢得到欣赏则肯定人人相同。有些作者出了书，比如诗集，没有读者时就说毫不介意没有人看，但果真如此的话，何须发表？发表岂非多此一举？哪个演出者会真的毫不介意没有观众？出版了书或发表了文章却扬言不介意没有人看，很不真实，很不健康。"

放纵名心，无底深潭

李天命在香港中文大学任教三十年，行政交际和"学术会议"等，他都一应谢绝。往往几个月才回一次办公室，一学期一次的系务会议才露一次面。即使近年学术游戏以至伪学术把戏盛行，伪专管理主义之风愈吹愈烈，李天命的行事作风依然丝毫不为所动。很多人都希望知道个中秘诀，记者当然也不会让此良机白白流走。

"抑纵平衡的心境，加上思考艺术尤其是批判思考的功力，两者缺一不可。"

对话之间，超尘脱俗的飘然之感跌宕心头，记者也仿佛成了半个世外高人。然而，哲学大师的最后一句有如当头棒喝，南柯一梦骤然而醒。以"天命"为名，兼天造之才和自控之命，活出悠然顺心的人生，境界之高，可遥望而非记者等俗人可及，还是尽早完成稿件，把李天命的思考一角呈予读者，以裨益于有缘人吧。

（**受访声明**：由于李天命婉拒访问而欠下的人情债太多，突然于本报出现专访，恐似厚此薄彼而遭各方好友埋怨，故李天命特别声明，本访问是从2004年开始邀约，一直拖延到今天，而且吃了张慧燊多餐家庭美食兼特制紫姜，实在不好意思再行推却。）

原载于2006年6月21日香港《文汇报》

《名人会客室》

图书在版编目(CIP)数据

杀闷思维/李天命著.
北京：中国人民大学出版社，2008
(李天命作品集)
ISBN 978-7-300-09839-5

Ⅰ.①杀…
Ⅱ.①李…
Ⅲ.①思维方法—通俗读物
Ⅳ.①B804-49

中国版本图书馆CIP数据核字(2008)第158822号

本著作《杀闷思维》是由香港明报出版社有限公司独家授权中国人民大学出版社出版发行中国大陆地区中文简体字版。

朗朗书房

李天命作品集
杀闷思维
李天命　著
Shamen Siwei

出版发行	中国人民大学出版社		
社　　址	北京中关村大街31号	邮政编码	100080
电　　话	发行热线：010-51502011		
	编辑热线：010-51502017		
网　　址	http://www.longlongbook.com（朗朗书房网）		
	http://www.crup.com.cn（人大出版社网）		
	http://www.ttrnet.com（人大教研网）		
经　　销	新华书店		
印　　刷	北京佳信达艺术印刷有限公司		
规　　格	160 mm×230 mm　16开本	版　次	2010年3月第1版
印　　张	20　插页3	印　次	2010年3月第1次印刷
字　　数	193 000	定　价	29.80元

版权所有　侵权必究　　印装差错　负责调换